JN302418

Changes in strategic alliances and market creation
Tamane Ozeki

企業提携の変容と市場創造
有機EL分野における有機的提携

小関珠音 [著]

東京 白桃書房 神田

はじめに

　近年，先端技術の実用化，市場創造，そして産業形成の在り方に変化が生じている。もはや，一企業で先端技術をもとにした事業創造が困難となり，産学連携および企業間の提携が必要不可欠で，かつ提携の成果が市場創造に深く影響を与えていることである。本研究の事例分析の対象である有機EL分野においては，これまでの日本企業の企業提携における慣習からの変容が見られる。それは，対象とする製品市場の特性に応じて，業種をまたがった企業提携が実施されており，さらに，市場環境の変化に応じて提携関係を再構築する傾向にある。

　先端科学技術の実用化には，概して20年以上の長い月日を必要とするが，その間，関係当事者を取り巻く環境は大きく変化する。有機ELの研究開発においても，基礎技術が確立された1987年から今日までの30年弱の間に，科学技術に関する日本政府の政策は変化し，基礎技術の開発を担う大学等の役割が変化した。1980-90年代における日本の高度成長期には，政府と企業によって構築されたイノベーションモデルが世界から注目を浴びたが，1990年代後半には，先端科学技術の実用化で経済をけん引した米国の政策において大学改革が注目された。先端科学技術の実用化，市場化の実現のために大学と企業の間，また企業間の連携の有効活用が必要不可欠となっている。

　この間，有機ELを取り巻く国際的な経済環境も大きく変化した。エレクトロニクス産業ではグローバル化が進み，資本力をもった韓国・台湾等の企業は生産能力が向上し，市場における価格競争が激化した。海外の競合企業は，日本企業の生産した部品・素材・製造装置などを導入して製品の品質を向上させており，結果として日本企業が開発・販売する製品の競争環境はより激化している。これらの変化は，有機EL分野の実用化から産業化までの

プロセスに大きな影響を与えた．その環境変化に応じるために，日本企業の企業提携の在り方には，大きな変化が生まれている．

　従来，日本企業の提携関係においては，系列企業間における連携が長期にわたって維持されてきた．また，株式の所有関係で独立している企業間で連携が発生する場合においても，安定的な連携関係が結ばれる傾向にあった．一方，有機EL分野においては，その技術的特性から，化学・物理など技術分野をまたがる研究が必要とされ，大学と企業との共同研究が実施されてきた．薄型ディスプレイと面光源照明などの実用化においては，既存のディスプレイ市場および照明市場に限らない新しい市場開拓のため，異業種企業との提携関係が構築されてきた．

　有機EL分野の実用化は，最初に小型パネルが開発されたあと，製造技術の開発が進み，大型パネルの開発・製造に移行すると考えられていた．しかし，液晶産業が予想を超えて発展し製品価格が下落した上に，有機ELの製造技術やディスプレイの大型化などの応用開発に時間を要したため，製品の実用化はさまざまな苦難に直面した．それにより，先行産業である液晶産業に比べて，有機EL産業形成は，より複雑なプロセスを辿っている．スマートフォン，タッチパネルおよび曲面パネルという新市場が台頭し，今後はフレキシブル技術を活用した，多様なデザインの最終製品が検討されている．また，製品の価格優位性を確保するための塗布工程技術の開発など，本格的な普及には解決しなければならない技術的課題があり，市場構造，産業構造がこれまで以上にダイナミックに変貌すると見込まれている．このような環境下では，有機EL分野における市場開拓を志す企業は，ますます複雑化する事業機会を適切に識別しなければならない．技術開発の不確実性に加え，対象とする市場の不確実性が加わり，市場化，産業化を目指す企業は，よりダイナミックな観点から提携関係の設計をする必要がある．さらには，経営環境の変化に応じて，その提携関係を調整していかなければならない．事実，有機EL分野における企業提携の軌跡を観察すると，市場における競争

環境の変化に応じて調整されている。

　外部環境の変化によって引き起こされた，このような企業の行動様式の変容は，言い換えれば，不確実性が高まる経営環境において，企業の境界の設定が，対象となる経営資源の発展を促し，同時に一定の制約を課する要因となる可能性もあるということである。新市場，新産業を生むためには，過去に築いてきた経営資源の原型をどのように活用し，また変革していくか，という革新能力が問われる。既存の経営戦略および組織体制の変革には，企業の経営資源の価値を高める責務をもつトップ・マネジメントの意思決定が重要な要素となる。

　日本企業は，今後どのようにして，科学技術をもとにした実用化，市場化，産業創造をおこなうべきなのか。とりわけ，企業間の連携を締結するにあたり，どのようにすれば創造的な関係性を築くことができるのか。先端科学技術の発明から，イノベーションが実現するまでのプロセスは技術分野によって大きく異なる。本書は，この問題意識に基づき，有機EL分野を事例分析の対象として技術の実用化，市場創造，産業形成という段階に応じた，大学と企業と，そして企業間の提携活動について考察したものである。先端技術の実用化に関する1つのフレームワークとして，参照していただければ幸いである。

　なお，本書は，公益財団法人 横浜学術教育振興財団刊行費助成，および公益財団法人 全国銀行学術研究振興財団の助成を得て刊行された。関係者の方々に厚く御礼を申し上げたい。

　　　平成26年3月

　　　　　　　　　　　　　　　　　　　　　　　　　小 関 珠 音

目　次

はじめに

第1章　研究課題の設定とその背景　　1

第1節　日本企業における企業提携活動の意義……………………………1
第2節　有機EL分野における企業提携の変容……………………………3
第3節　企業提携の変容が市場創造に与える影響…………………………5
第4節　本研究の分析視角……………………………………………………7
第5節　本研究の構成…………………………………………………………8

第2章　分析フレームワークの設定　　11

第1節　戦略的提携とは何か…………………………………………………11
第2節　提携関係の設計と調整………………………………………………13
第3節　資本提携の役割………………………………………………………16
第4節　企業提携の誘因：資源ベース理論…………………………………17
第5節　企業提携の誘因：ダイナミック・ケイパビリティ理論………18
第6節　分析フレームワークの設定…………………………………………20
第7節　分析フレームワークの特徴…………………………………………24

第3章　有機ELの実用化探索　　26

第1節　有機EL分野における国内外の基礎発明…………………………26
第2節　イノベーション概念の進展…………………………………………30

第 3 節　日本における大学改革と産学連携……………………………33
　第 4 節　有機 EL 分野における産学連携と実用化探索 ……………36
　第 5 節　産学連携の設計と調整……………………………………39

第 4 章　企業提携による市場創造の探査　　　　　　　　44

　第 1 節　市場創造の進展とその特徴……………………………………44
　第 2 節　企業提携の一般的傾向…………………………………………47
　第 3 節　企業提携と市場創造：一般的傾向……………………………55
　第 4 節　市場創造に対する企業提携の貢献……………………………60
　第 5 節　企業提携の変容と市場創造……………………………………62

第 5 章　企業提携と産業形成のダイナミクス　　　　　　65

　第 1 節　産業形成に関するイノベーションモデル……………………65
　第 2 節　企業提携の業界別特徴…………………………………………70
　第 3 節　企業境界の戦略的設定と産業形成……………………………78
　第 4 節　経営者の革新能力のダイナミクス……………………………80
　第 5 節　産業形成のダイナミクス………………………………………87

第 6 章　分析結果の理論的考察と経営含意　　　　　　　89

　第 1 節　分析結果の総括…………………………………………………89
　第 2 節　企業提携の変容と市場創造に関する経営含意………………94
　第 3 節　産業形成に関する経営含意……………………………………96
　第 4 節　本研究に残された課題…………………………………………99
　参考文献………………………………………………………………… 103
　謝　辞…………………………………………………………………… 113

図表一覧

図1　企業提携に関する分析フレームワーク ……………………………20
図2　主要企業における提携の軌跡（1999-2005）　………………50
図3　主要企業における提携の軌跡（2006-2011）　………………50
図4　企業提携に関する分析フレームワーク（再掲）………………79
表1　企業提携の形態別特徴 ……………………………………………53
表2　主要な上市事例に関する企業提携の軌跡 ……………………56
表3　企業提携の業界別特徴 ……………………………………………71
表4　業界別主要企業の企業提携 ………………………………………73

第1章

研究課題の設定とその背景

第1節　日本企業における企業提携活動の意義

　そもそも，日本企業にとって，企業提携を締結することは，特定技術の実用化や企業経営にどのような意義をもたらすのであろうか。本節では，日本企業における企業提携の変容とその市場創造に対する影響を考察するための足がかりとして，従来，日本企業が競争力の源泉としてきた典型的な企業提携の在り方を振り返ってみよう。

　日本の主要産業の競争力の源泉は，日本企業が長年の間に組織に蓄積した組織能力であり，他企業と比べて異質で模倣困難な能力を形成することにより，企業は競争優位を獲得し，持続的な活動を展開してきた（藤本・桑原，2009）。この競争力，つまり特定の製品やサービスを提供するために必要な生産・販売・配送などの活動の集合体であるバリューチェーンを日本企業は，従来，自社内に取り込む垂直統合の組織形態を採用することで獲得してきた。

　加えて，従来の日本企業の提携関係においては，系列企業間における連携が長期にわたって維持されるなど，所有関係で独立している企業間で連携が発生する場合においても，安定的な関係が結ばれる傾向があり，かつ，それ以外の企業との取引活動を制限する傾向が認められた（長岡・平尾，1998）。既存の企業提携に認められる関係性を重視し，それ以外の企業との取引活動を制限する傾向は垂直的制限といわれる。関係企業の他企業との取引機会を制限することによって，既存の提携関係における情報の共有化と組織学習を

すすめ，企業間の相互依存関係を深化することによって，提携の関係性が安定的に維持されることになる。このような提携関係においては，提携関係の中心としての役割を果たす最終製品を製造する企業（以下，セットメーカー）が，部品／素材を製造・販売する企業に対して強い影響力を発揮することになる。

　これまで，自動車および家電産業等，日本企業に競争力が認められた一連の産業に関する分析においては，日本企業の競争力の源泉として，セットメーカーと限られた部品／素材企業と長期的取引関係を築き，情報共有と組織学習の推進によって，部品／素材企業の開発力，製造技術を活用して競争力の一部を形成したことを指摘した（藤本，2004; Freeman, 1987）。最終消費財を市場に提供するセットメーカーは，値段・納期・性能にすぐれた部品や素材を系列産業などの関連企業から安定的に調達することによって，その競争力を向上させ，国際的に市場を拡大した。それと同期する形で，部品や素材企業は，製品に対する機能や品質に対する要求水準が高い日本のセットメーカーの要望に対応し，競争力を継続的に向上させ，その市場を国際的に拡大してきた。

　このように，従来，日本企業は，セットメーカーが製品の市場創造に対して主要な役割を果たし，部品／素材産業に属する周辺企業はセットメーカーの製品開発力・製造能力・販路開拓力と緊密な連携関係を築くことにより，最終市場の拡大とともに産業を発展させてきた。しかし，本研究が対象とする有機EL分野においては，製品に対する市場ニーズが多様化する反面，ディスプレイ産業の部材／素材の標準化・共有化が進展し，さらに日本企業以外のセットメーカーが国際競争力を獲得しつつある。このような外部環境の変化に対して，従来，有効であった日本企業間で構築される長期的な提携関係に，どのような変容が発生しているのであろうか。

第 2 節　有機 EL 分野における企業提携の変容

　有機 EL 分野における企業提携の特徴を紹介するために，有機 EL と同様に高度な科学技術に競争力の基盤をもち，同じく素材産業に属する液晶分野の事例をみてみよう。
　液晶分野においては，産業形成に必要な要素技術や部材などの一連の経営資源が，セットメーカーを頂点とする垂直統合によって開発されたことが知られている（沼上，1999）。世界初となる液晶電卓を開発したシャープは，自社内に液晶の実用化のための特命プロジェクトを立ち上げ，複数部門間の協業体制を実現した。2000 年代に入り活況を呈した薄型液晶テレビを例にとれば，シャープは，液晶パネルを内製し，テレビに組み込んだ薄型テレビを開発し，そのビジネスモデルを「デバイスと商品の垂直統合」（町田，2008）と位置づけた。液晶分野に参入した日本のセットメーカー各社は，量産段階に入ると，それぞれの生産拠点である工場を核として，地理的に近接した部品企業など周辺産業と相互依存的な連携関係を形成し，その競争力を向上させてきた。
　本研究の分析対象である有機 EL は，有機物質を取り扱うため学術的には化学分野に位置づけられる技術であるが，その実用化のためには，電子デバイスの駆動回路技術・半導体技術など，電気電子および物理学分野の科学知識を組みあわせた研究開発が必要である。初期的には、大学を中心とした産学連携が形成されてきたが，実用化製品の本格普及には，製造設備の拡充によるコスト競争力，製品販売に係るブランドの確立など，さまざまな経営資源を必要とする。有機 EL の市場化を目指す企業の属する産業分野は多様であり，家電産業に属する一連のセットメーカーに加え，石油・化学業界等に属する企業が研究開発を展開し，市場創造を目指している。
　このように複雑な企業の最終市場への参入状況は，有機 EL の技術特性によって説明される。従来であれば，素材企業は，あくまでもセットメーカー

の傘下にあり，セットメーカーの要求性能に合わせて素材を開発することに注力し，最終市場を自ら開拓することはなかった。しかし，有機 EL ディスプレイおよび照明パネルという最終製品の場合，製品を構成する部材の点数が少ないため，素材企業がタッチパネルや照明パネルを開発することが可能になった。現在，有機 EL が対象とする製品分野としては，ディスプレイと照明パネルが中心であるが，有機 EL が産業として発展する過程における製品のイノベーションの流れからみれば，各製品市場はいまだ流動的段階にある。ディスプレイ分野ではスマートフォンのタッチパネルの普及により新市場が創造されつつあり，照明分野では，面光源という技術特性によって新しいデザイン性をもつ製品の開発が進んでいる。

このような背景を反映して，有機 EL 分野においては，日本企業間に従来とは異なった提携相手の選択パターンが発生している。自社開発の技術を活用して製品を自ら市場化することが可能になった素材企業の中には，セットメーカーの経営判断への依存度を低下させ，その結果，特定のセットメーカーと固定的な提携関係を結ぶことを必ずしも選択しない戦略を立てた。事実，日本の一部の素材企業は，大型投資を決断し，競争力の優位が予測される韓国・台湾のセットメーカーに対して部材を先行的に供給している。

加えて，産業形成の初期段階において，有機 EL 分野における企業間の関係の構築とその展開は，極めて多様な形態を呈している。具体的には，共同研究で始めた提携関係を発展させ企業買収に至った事例（CDT 社を買収した住友化学），化学企業とエレクトロニクス企業との間で合弁会社を締結する事例（パナソニックと出光興産の合弁会社であるパナソニック出光 OLED 照明，パイオニアと三菱化学の合併会社である MC パイオニア OLED），エレクトロニクス産業の複数企業が規模の経済を目的に合弁会社を形成する事例（東芝・ソニー・日立製作所の合弁会社であるジャパンディスプレイ），他社に事業または企業売却を実施した事例（NEC およびトッキ），韓国および台湾などの海外セットメーカーと提携し，海外市場への販路を獲得した事例（住友化学・出光興産）などが発生している。2013 年後

半には，出光興産がオープンイノベーション形式の提携関係を模索している。

　それでは，なぜ日本企業は有機EL分野において，セットメーカーを中心とする関連企業間の戦略的な企業提携に加え，国際的な提携関係，さらに，買収・合併を含めた資本提携など，多様な提携関係とその形態を選択することになったのであろうか。このような選択は，企業間の提携がもたらす，新たに創造される市場への影響の視点から考察される必要がある。

第3節　企業提携の変容が市場創造に与える影響

　言うまでもなく，企業提携は，さまざまな形で企業の市場創造に貢献する。有機EL分野に関しても，企業提携の成果から生まれた製品実用化として，1997年に東北パイオニアによって上市された有機EL搭載カーオーディオ（イーストマン・コダック社との共同開発），2002年に東北パイオニアによって販売された携帯電話ディスプレイ，2003年のエスケイ・ディスプレイ（イーストマン・コダック社および三洋電機の合弁会社）によって上市された有機ELデジタルカメラ，2007年にソニーによって上市された11型有機ELテレビ（出光興産との共同開発），2011年に販売された数々の照明パネル（パナソニック出光OLED，ルミオテック，東北デバイスを買収したカネカ，およびMCパイオニアOLEDライティング）がその典型例とされる。

　さらに，石油・化学業界に属する企業が，次世代素材としての有機ELの開発に積極的に取り組んでおり，その企業提携の形態は戦略的提携を越えて，買収・合併を含む資本提携に及ぶケースも発生している。住友化学は社業の脱石油依存のために，有機EL分野における基本特許を保有するCDT社との提携関係を強化し，2007年7月に同社を買収している。三菱化学は，有機EL分野において製品上市の実績をもつ（東北）パイオニアに出資し，同社と販売活動に関して有限責任事業組合（LLP）を設立し，有機EL照明パネルの販売を開始した。2013年には，この2社は合併会社MCパイオニ

ア OLED ライティング株式会社を設立した。

　有機 EL 分野で進展している企業提携の変容に注目する本研究は，その変容の原因と結果を考察するために，従来，市場創造への貢献の視点から研究対象となってきた戦略的提携に加え，企業，または特定事業の買収合併を含む資本提携が市場創造へ与える影響を考察する。経営理論が明らかにしているように，市場の失敗が発生する際に必要な経営資源を，相対的に低いリスクで特定の提携相手から調達するためには，戦略的提携は極めて有効な経営手段である。企業は，共同開発等の契約を締結することによって，自らの活動を競争相手から防御しつつ安定的に展開するためのガバナンス構造を形成してきた（Helfat et al., 2007）。しかし，戦略的提携に関与する企業の数が増加し，契約関係が複雑化すると，企業活動に関する情報が漏洩する危険性が増加し，さらに，提携に関係する一連の企業活動を経営目的のために同調化することが難しくなる。

　このような事態が発生する場合，企業が対象とする企業の所有権を獲得する買収・合併策は，企業が獲得するさまざまな経営資源を適切に調整するために，より望ましい経営手段と位置づけられる。企業経営者の役割からみれば，経営者が買収・合併に積極的に関与することにより，経営目的の見地からさまざまな補完的経営資源を調達することに加え，主体的に経営革新に乗り出すことが可能になる。一般的に，経営者の経営革新のための試みは，必ずしも企業の経営パフォーマンスに良い効果を及ぼすとは限らないことが知られている（Helfat et al., 2007）。しかし，有機 EL のように，数多くの技術基盤を複雑に組み合わせて製品化する事業分野においては，戦略的提携のみに注力する経営戦略は，事業化に必要な経営資源を確保するだけに留まる危険性がある。保有する技術と経営資源を活用して事業化を進めるためには，経営者による決断が必要であり，その際，資本提携によって実現された企業の一元的なガバナンス構造は，その戦略の実現を促進する可能性が考えられる。

　以上のように設定した研究課題について分析を進めるためには，先ず，有機 EL 分野における企業提携の変容に関して過去の実績を整理し，それを

データとして観察することによって，その動向と特徴を客観的に把握する必要がある。さらに，企業提携の変容が市場創造に与える一連の影響を明らかにするためには，従来からの経済学／経営学における企業提携に関する先行研究を整理し，分析対象となる新しいタイプの企業提携に対する分析視角を設定する必要がある。

第4節　本研究の分析視角

本研究が対象とする有機EL分野においては，産業形成の初期段階より，企業が基本技術を保有する企業と共同開発を実施するなど，企業提携によって自社に不足する経営資源を補完する傾向が認められる。さらに，近年においては，提携の締結後における経営環境の変化に対応する形で，提携相手を変更し，契約による提携を資本提携・買収に変更するなど，企業提携の形態が多様化する傾向がある。

このような現状認識に立ち，本研究は，企業の提携活動を以下のように包括的な視点から分析する。特定の企業戦略を実現するために他社と提携する企業活動を分析するために，戦略的提携（Strategic Alliance）に関する研究が進展しているが，一般的には，一方が他方を支配することのない柔軟な形態での企業提携を指す（Kogut, 1991; Yoshino and Rangan, 1995; Gulati, 1995; Doz and Hamel, 1998; 安田, 2006）。具体的には，共同開発や研究コンソーシアムなど，資本取引のうち支配権の移動を伴わない少数出資および合弁会社などを分析対象とするが，支配権の移動を伴う買収・合併はその分析対象としていない。また経営学が企業提携を解釈する場合，企業の経営資源は希少性があるため，企業提携により異なる経営資源を補完することが可能になるという資源ベース理論からの説明が一般的である（Penrose, 1959; Barney, 1991, 2002; Rumelt, 1984; Wernerfelt, 1984）。

戦略的提携の分析対象から除外された企業の買収・合併活動は，従来，主として企業金融論の研究対象とされてきており，主に議論の対象となるの

は，買収対象資産・買収対象企業の金銭的価値やガバナンス構造の評価である（渡辺，1998; 井上・加藤，2006）。近年では，取引完了後の統合マネジメントプロセスも重要視されている。一方，有機 EL 分野においては，企業提携において買収・合併を含む資本提携が積極的に選択され，しかも構築された提携関係は，時間の経過と共にさまざまな変化を見せている。Doz and Hamel（1998）は，企業提携を関係性の進化として捉える視点の重要性を指摘しており，経営環境の変化が激しい現代において必要なのは，企業提携におけるダイナミックな調整であり，その実現に貢献する経営者の革新能力であるといえる。

以上の認識から，本研究はその分析において，企業の戦略的提携に加え，買収・合併活動を分析対象とする。近年，企業が急激に変化する経営環境に対してどのように対応可能か，という視点から，経営環境の変化に対応する企業経営者の革新能力を評価するダイナミック・ケイパビリティ（Dynamic Capability）理論が台頭している（Teece *et al.*, 1997; Teece, 2007）。本研究は，ダイナミック・ケイパビリティ理論に依拠し，特に，同理論の流れを汲み，企業の買収・合併により経営革新が実現される可能性を示し，それを可能にする経営者の能力を買収による革新能力（Acquisition Dynamic Capability）と位置づけた Capron and Anand（2007）に注目する。

第 5 節　本研究の構成

本研究の構成は以下の通りである。第 2 章では，経済学／経営学の先行研究に基づいて，本研究の分析フレームワークを設定する。議論の進め方としては，先ず，分析フレームワークを構成するさまざまな要素を紹介する。第一に，企業提携に関する代表的なアプローチである戦略的提携の議論の概要を示し，提携の目的・範囲，企業提携の形態・ガバナンス構造，そして，その学習効果に関してどのように企業提携が設計，調整されるか，分析のための代表的理論フレームワークを紹介する（Gulati and Singh, 1998; Das and

Teng, 2000; Kogut and Zander, 1992; Doz, 1996)。第二に，本研究の事例研究の対象である有機EL分野において，企業が，戦略的提携に加え，企業および特定事業に関する買収・合併を活用している事実を考慮し，買収・合併が一般的にどのような役割を果たすかを示す。第三に，戦略的提携と買収・合併からなる企業提携の誘因をどのように説明するか，経営学の資源ベース理論とダイナミック・ケイパビリティ理論の観点から説明する。最後に，以上の議論をもとに，本研究が設定した分析フレームワークの内容を示す。

第3章では，基礎技術および応用技術の開発に尽力してきた大学と企業との提携について考察する。1998年の大学等技術移転促進法（TLO）策定，1999年産業活用再生特別措置法策定，2003年の国立大学法人法の施行などを皮切りに，約15年をかけて大学改革がおこなわれてきた。法人化された国立大学等の重要な役割の1つに産学連携が掲げられ，大学における科学技術の研究成果を社会に還元すること。また，大学が日本経済の発展のための知識基盤の拠点としての機能を担うことが求められるようになった。一方，ますます高額になる基礎研究効率的な実施のため，企業は経営資源の補完を目的として，大学との連携活動を経営戦略の1つとして重要視するようになった。この2面性，すなわち大学改革のための大学の努力という側面と，長期的事業戦略構築のために企業が大学の研究資源を活用するという側面について，それぞれ視点を定めて考察する。

第4章では，有機EL分野に対する事例分析をおこない，同分野において出現した企業提携の変容の一般的傾向を明らかにし，併せて，その市場創造に与える影響に関して考察する。具体的には，先ず，有機ELの技術特性を踏まえた上で，日本企業の有機EL分野に対する参入実績を時系列で示し，同分野における市場創造の進展とその特徴を明らかにする。また，日本企業の有機EL分野における各企業の企業提携データを作成し，時系列的パターンを観察し，採用された提携形態等に関する一般的傾向を明らかにする。

第5章では，イノベーションの代表的モラルであるAUモデル，Teece (1997, 2007) のダイナミック・ケイパビリティ論を参照して論じたあと，第

4章で展開した事例分析について企業が所属する産業の業種に着目し，業種別の提携活動および同種・異業種間に発生した企業提携の特徴を明らかにする。さらに，有機EL分野における企業提携の変容が，関連する産業分野にどのような影響を与えたのか，また先駆的に市場創造に貢献した企業が，どのような革新能力を持っていたのかを分析する。

　最後となる第6章では，有機EL分野における企業提携の変容とその市場創造への影響に関して，以上で得られた分析結果と，本研究が採用した分析フレームワークの背景にある一連の理論体系をもとに考察する。そして，グローバル競争が激しくなる経営環境において，企業はどのように企業提携を設計・調整すれば良いか，そして，その企業提携はどのように市場創造に貢献することが可能になるか，産業形成に向けて，企業提携はどのようなダイナミクスをもたらすのか，本研究の経営に対する含意を示す。最後に，本研究の分析における方法論的な留意点を明らかにし，あわせて，将来研究への可能性を示唆する。

第2章

分析フレームワークの設定

　ここでは，関連する経済学／経営学の先行研究を調査し，本研究の分析フレームワークを設定する。先ず，企業間の共同研究開発，特許のライセンス供与等，企業が市場から調達することが難しい経営資源を相対的に低いリスクで獲得するための企業提携を戦略的提携の視点から紹介する。続いて，企業の組織形態に変化が伴う提携活動としての買収・合併に関する経済学／経営学の取り扱いを紹介し，買収・合併取引に関する経営者の経営革新能力について説明する。さらに，企業が企業提携を選択する誘因について，資源ベース理論と外部環境の変化に対応するための経営者の革新能力に着目するダイナミック・ケイパビリティ理論によって説明する。最後に，以上の議論に基づき，戦略的提携と買収・合併を含む資本提携を包括的に考察することを目指し，本研究の分析フレームワークを設定する。

第1節　戦略的提携とは何か

　企業間の提携関係は，企業が保有する経営資源の交換，分担による企業間の結合関係である（Gulati, 1995; 安田, 2006）。企業は，提携関係を結ぶことによって，企業単独で可能になる成果を超えた経営成果を生み出すことが可能となる。経営学では，一般的に，企業が互いに独立した組織形態を維持し，一方が他方を支配することのない形態の提携について，戦略的提携（Strategic Alliances）と呼ぶ一連の研究が進展している。これは契約により

本章の一部の分析内容は，10th ASIALICS Conference: The Roles of Public Research Institutes and Universities in Asia's Innovation Systems にて公表した内容である。

規定する関係を一定の範囲に限定する提携と，資本取引を伴う関係に大別される。契約提携においては，対象とする事業の内容に応じて提携範囲および提携期間などの条件を柔軟に設定できるため，相対的に低いリスク負担によって，他企業が保有する各種の経営資源にアクセスすることが可能になる。近年，企業間に共同開発契約といった資本を伴わない提携が増加していることが知られており，研究開発活動のための企業提携の効果が分析されている（Hagedoorn, 2002; Hagedoorn and Kranenburg, 2003）。

戦略的提携の分析は，契約提携による共同研究開発，研究コンソーシアムや共同マーケティング，および資本提携のうち支配権の移動を伴わない少数資本拠出，株式持ち合いおよび合弁会社の設立を分析対象とする（Yoshino and Rangan, 1995）。Gulati（1995）は，戦略的提携の定義として，特定の市場機会を追及するために，2社以上の企業が互いの経営資源を共同で出し合うことを指し，その例として，合弁会社，共同研究開発，技術交換，ライセンス，合弁会社の設立をあげる。また安田（2006）は，同様に戦略的提携の対象として，提携契約の中でフランチャイズ，ライセンシングおよびクロスライセンシングと，少数投資，合弁会社を含める一方，企業間における支配権の移動を伴う合併・買収（Mergers and Acquisitions）は，戦略的提携の対象とはならないとしている。

合弁会社の設立は，資本取引を伴う関係であるが，柔軟性のある戦略的提携の一部として分析されてきた。たとえば，Kogut（1991）は，合弁会社の設立を，経営戦略における将来の技術／市場的発展に関する代替的選択肢（リアルオプション）の一形態と定義し，市場参入の段階において合併会社へ出資をすることが企業の事業価値を高めることを示した。

一般的な買収・合併の場合，買収活動をおこなった企業は，買収された企業に対して支配権をもつ。合併においては企業の出資比率に応じてその意思決定への影響が規定されるなどの法的拘束があり，提携関係を柔軟に変更・解消することは難しい。そこで，これまでの戦略的提携に関する研究では，買収・合併をその分析対象から除外するのが一般的であった。

第2節　提携関係の設計と調整

　企業が他社との戦略的提携を実施するときに検討する事項としては，主として，提携の目的と範囲，企業提携の形態とガバナンス構造，そして，企業提携に伴う学習効果の3点がある（Gulati and Singh, 1998; Das and Teng, 2000; Kogut and Zander, 1992）。企業は，この3点に着目して具体的な提携内容を選択することによって，期待する利益を獲得する環境を整えることができる。

▍提携の目的と範囲

　第一に，企業が提携にあたり，どのように企業提携の目的とその範囲を特定するかが問題となる（Gulati and Singh, 1998; Oxley, 1997; Khanna, 1998）。研究開発を目的とするのか，それよりも製造・販売活動における提携を目的にするのかについて判断し，最終的に選択するのは提携目的として決定する事項である。たとえば，有機EL分野でいえば，提携の対象を，小型ディスプレイという製品市場にするか，長期的な視野から大型ディスプレイの開発まで視野に入れるのかは，企業提携の提携範囲として決定する事項である。

　このような提携の目的と範囲を設定する際，先ず，企業が過去に蓄積した研究開発等の経営情報をどこまで提携相手に開示するのかが問題になる。例えば，企業には，特許出願の可能性のある技術に関しても開示する義務があるのか否かを考慮しながら，提携相手に開示する知識の内容を特定化し，開示の対象となる知識を書面で想定する。

　次に，提携を進める企業には，提携相手から補完する経営資源の特定化という課題がある。提携相手のもつさまざまな能力，提携を目指す企業の経営資源との重複度，また，提携活動が関係する企業の技術ポートフォリオに与える影響などを考慮し，提携相手から受けるさまざまな知識とその技術的範

囲を明確にする必要がある（Mowery et al., 1998）。提携の交渉に際しては，提携企業の両者において提携内容を調整するための開示すべき情報の特定化に関する問題が発生する。提携の範囲を狭く限定することからは，提携からの利益が限定されるリスクが発生する。不利な条件で提携することを受け入れるのであれば，その提携相手以外の企業との提携の機会を失うリスクが追加的に発生する。

■提携形態とガバナンス構造

　第二に，提携を目指す企業は，契約によって，適切な形態提携の選択をおこない，それによる適切なガバナンス構造を設定することが必要になる。提携契約においては，提携に関する初期費用の分担と利益の分配や，契約不履行時における損害賠償などの金銭的な債権債務関係が規定される。たとえば，共同開発した知識や技術などの所有関係に関する内容である。提携の相手となる企業の保有する経営資源の質的・量的な内容は，所有関係を明確にし，適切な提携形態を選択するための重要な要因となる（Das and Teng, 2000）。

　企業間の提携交渉において選択された具体的な提携形態は，提携相手に対する情報共有の可能性と情報共有に対するインセンティブに大きな影響を与える（Sampson, 2007）。企業が，その技術開発における不確実性を安定化させるために戦略的提携を締結しても，互いの情報共有が進まない場合は，その目的を達成することができない（Kogut, 1988）。さらに，企業は，局所的な場所，また，社会的コンテクストにおいて形成された暗黙知を，企業の境界を越えて移転することは難しいという問題にも直面することになる（Polanyi, 1966; Kogut, 1988, 1991）。

　一方，戦略的提携においても，合併会社の設立等の資本提携であれば，組織を統合するときに，情報の一定の共有が促進される。しかし，企業の重要情報が意図せず他社に漏洩する，あるいは利益分配が公平でないなど，企業提携が失敗に終わることがある（Kogut, 1989）。合併会社，少額資本拠出な

ど，提携企業の一方が提携関係を相対的に優位にコントロールするなど，ガバナンス構造の設定が，提携企業の業務内容を大きく規定する。一般的には，財務資源の豊富な企業がガバナンス構造の設計に関して主導権を握ることになる（Lerner and Merges, 1998）。

■ 組織の学習

第三に，提携を目指す企業は，企業提携による経営資源の補完から利益を確保するために，知識の移転と共有によって，提携企業間の組織学習を進める必要がある。企業提携の進展に伴い学習効果がみられる場合，企業提携は単独で実施する組織的改革とは異なる経営成果を発揮することになる（Levinthal and March, 1993; Tidd et al., 1997; Doz, 1996; Inkpen, 2000）。

提携企業の組織学習の効果を考える場合，工場設備のように所有権を変更すれば容易に他社に移転できる経営資源とは異なり，製品開発に必要な一連の知識は，コストがかかるために移転が難しいことに配慮する必要がある。知識がもつ粘着性という特殊性によって，相手に移転できる知識の内容には一定の限度があることから（Von Hippel, 1994），企業提携の契約を締結するときには，知識の移転可能性を考慮して，提携により共有する知識の内容と範囲を特定する必要がある（Das and Teng, 2000）。

さらに，互いの組織が保有する知識の類似性を考慮することも重要である。自社の保有する知識と提携相手が保有する技術的知識の，類似度が高い場合は知識移転が容易であるが，類似度が低い場合，知識移転は難しくなる（Kogut, 1988）。企業提携において各々の提携企業が保有する知識が乖離しすぎると互いから学習することは困難になり，逆に，類似しすぎると互いから学習する必要性が低くなる（Jaffe, 1986）。つまり，提携する企業がそれぞれ保有する知識間に適度な多様性が認められることが，企業提携の学習プロセスを効果的なものにする可能性が高い（Sampson, 2007）。提携相手の知識に粘着性が高いほど，その知識を活用するための能力が必要となる（加藤・宮崎, 2013）。このような形で，提携企業間の経営資源の最適な組み合わ

せを実現すれば,競争企業と比較して個別性と特有性をもつ知識をはじめとする経営資源を創造するための知識基盤を得たことになる (Dyer *et al.*, 2001; Dyer and Kale, 2007)。

また,企業間における情報共有のためのインセンティブを効果的に設定することも重要である (Oxley, 1997; Khanna *et al.*, 1998)。企業間の提携関係においては,知識の外部への伝播と外部からの知識の取り込みという2種類の知識移転(スピルオーバー)が同時に発生している。一般的に,共同研究開発においては,知識を吸収するための能力に優れる企業が,より良い研究開発の成果を獲得する (Cassiman and Veugelers, 2002)。さらに,提携企業間の知識のスピルオーバーが自発的になされる時に,組織の学習効果が高まることが知られている (Belderbos *et al.*, 2004)。

以上に示したように,提携企業間の組織学習から企業が具体的な経営的成果を得るためには,提携に関してその対象となる知識の移転可能性,互いに保有する知識の類似度,さらに,提携企業における情報共有のためのインセンティブが重要な役割を果たす。

第3節　資本提携の役割

一般的に,経営学では,合併・買収に関して,事業の多角化の手段として有効性の視点から分析を進めてきた (Collis and Montgomery, 1998; Barney, 2002)。企業の合併・買収取引を実行する際には,その取引対価の妥当性が判断要因となり,対象企業を買収することに対する評価は,一義的に,対象企業の生み出す利益の現在価値との比較によって判断される (Penrose, 1959; Barney, 2002)。加えて,買収企業にとって,買収による組織の拡張が内部資源の拡張よりもより低い取引コストで実施できるという経済的根拠が必要となる (Penrose, 1959)。大型投資の実行,大胆な組織改編,合併・買収を含む資本取引を伴う企業提携には,経営者の意思決定が重要な役割をもつ。合併・買収の取引後の成果は,当事者のインセンティブも大きく影響す

る。合併・買収によって，主要な従業員等が離社せず，モチベーションを維持し業務をこなすことができるか，また企業提携によって新しい知識が創造されるかが重要である。

しかし，必要となる特定企業の経営資源に代替可能性がない場合，企業は対象事業へ参入するために企業または特定事業の買収をすることが必要不可欠となる。買収をするか否かの経営判断は，対象企業の買収によるコスト優位性，または取引コスト要因だけで判断できない。さらに，買収・合併に関する外部的阻害要因が存在する場合，企業が経営目標とする事業領域への参入は困難となる。買収の対象となる企業の経営状況が悪化した場合には，企業が救済目的での買収・合併を検討し，買収される企業の経営資源を入手することは可能となる場合もあるが，戦略的に買収・合併を実施する観点から，高い取引価格であっても取引を実施するケースも認められる。

近年においては，提携相手との関係性の観点から，買収・合併を観察する必要性も認識されている（Kale and Singh, 2007）。1990年代において企業は，一般的に，産業特性および技術動向などの経営環境に対応して，戦略的技術提携と合併・買収を選択的に採用してきた（Garette and Dussage, 2000; Hagedoorn and Duyster, 2000, 2002）。特に，提携の対象となる製品分野に着目した研究によって，技術の複雑度が低い（たとえば食品・金属・石油・天然ガスなど）ローテク産業分野において企業は合併・買収を選択し，技術の複雑度が高い（たとえば航空機や防衛など）ハイテク産業において企業は柔軟性の高い戦略的提携を選択し，技術の複雑度が中位程度の場合，戦略的提携と合併・買収を併用することが明らかにされた（Hagedoorn and Duyster, 2002）。

第4節　企業提携の誘因：資源ベース理論

技術要素を主たる経営資源とする事業における企業提携は，自社の経営資源を他社の経営資源と補完的に結合して他社と差別化が可能となる価値の創

出を実現するとする資源ベース理論 (RBV: Resource-Based View) によって説明されてきた (Das and Teng, 2000)。資源ベース理論は，企業を市場から購入できない独自性のある経営資源の集積として認識し (Penrose 1959; Barney, 1991; Rumelt, 1984; Wernerfelt, 1984; Grant, 1996)，経営資源が他社と比較して異質性，模倣困難性があり，さらに継続的基盤があることが競争優位性をもたらす (Eisenhardt and Schoonhoven, 1996; Barney, 2002)。他社から経営資源に対する複製コストが高ければ模倣困難性が発生し，同様の経営資源をもつ企業が少数であれば，競争優位が生まれる。このような視点からは，企業は自社の経営資源だけでは競争優位を確保できない場合，他社の経営資源を効果的に利用し，自社の経営資源を補完することによって，自社のみでは達成できない経営戦略の選択が可能となる[1]。

ただし，以上で示した資源ベース理論による企業提携の解釈は，企業がその競争力を長期的に維持するメカニズムを説明していない (Teece *et al.*, 1997)。一般的に，企業に短期的な競争力を提供する経営資源が，長期的に競争力を維持することに貢献する保証はない (Eisenhardt and Martin, 2000)。経営資源を補完するための企業提携の締結は，企業経営において新たな成果を生む機会が獲得された状態を意味しており，企業の競争力の確保のためにはさらに経営努力が必要である。また，研究開発の動向について長期的な傾向をみると，提携する企業の個別要因だけではなく，経済環境などの外部要因が提携活動に影響を与えることが指摘されている (Hagedoorn and Kranenburg, 2003)。

第5節　企業提携の誘因：ダイナミック・ケイパビリティ理論

企業は，競争環境の変化に対応して，その経営戦略を変革するなど一連の企業革新をおこなっている。Teeceら (1997) は，急激に変化する外部環境に対応するために，経営者がその経営革新を実現するする能力を，企業のダイナミック・ケイパビリティ (Dynamic Capability) として位置づけた。ダ

イナミック・ケイパビリティは，企業経営を成功させるために必要な機能として考えられており，その主要な要素は企業の経営者の革新能力とされる（Teece, 2007）。経営者は，ダイナミック・ケイパビリティを発揮するプロセスにおいて，「機会の感知（sensing）」「獲得（seizing）」「再形成（reconfiguring）」という段階を踏む（Teece, 2007）。「機会の感知」とは，企業が技術や市場動向を絶えず精査して，事業化が可能な市場機会を探索することである。「獲得」段階においては，新しい製品・サービスを開発するための複数の可能性に投資を実行するための意思決定の手順を決め，経営資源の補完についての管理をおこなう。「再形成」の段階では，さまざまな形で外部から調達した経営資源を自社内で調整し，自社における特定の戦略として特化していく[2]。Zollo and Winter（2002）は，組織に蓄積された経験と知識を形式知化して提携業務を変革するといった学習メカニズムが，ダイナミック・ケイパビリティを形成することを指摘している。

　ダイナミック・ケイパビリティ研究の流れをくむ Capron and Anand（2007）は，他社を買収して既存事業を立て直し，さらに，新規事業を展開する経営者の能力について，買収による革新能力（Acquisition-based Dynamic Capability）という概念を提示した。買収による革新能力は，提携相手の「選定」，候補先の価値を評価し契約交渉を実施する「識別」，そして，適切なガバナンス構造を設定し，提携相手の経営資源を自社に取り込む「再形成」の３つの段階から形成される。

　買収・合併後には，買収された企業の戦略と組織は変革することを余儀なくされる。たとえば，企業の組織体制，また，組織文化の統合など，従来とは異なるガバナンス構造の再編が必要とされる。一方，買収・合併の後に経営資源を効果的に再形成するのに失敗し，合併・買収が経営業績に貢献しない事例が少なくない。資本取引の決定，とりわけ買収・合併策の実行は，株式市場における企業価値に大きな影響を与える可能性が高いため，経営者による主体的な意思決定が重要な役割を果たす傾向がある[3]。

第6節　分析フレームワークの設定

本研究の分析対象である有機 EL 分野において，どのように日本企業が企業提携を活用しているか，以下に，提携プロセスを理解するための分析フレームワークを設定する。具体的には，企業提携の内容を理解するために，提携構成要素［A］，形成される企業提携の構造と機能［B］，に着目し，その間の関係を図1に示して説明する。

A．モデルの構成要素
（1）企業の組織能力

自社の技術，および既存組織に内在する組織能力で競争環境に対応するのに不十分であると判断すれば，他社と提携し，補完的経営資源を調達するのが企業提携の大原則である。企業提携のこのような側面は，企業を市場から

図1　企業提携に関する分析フレームワーク

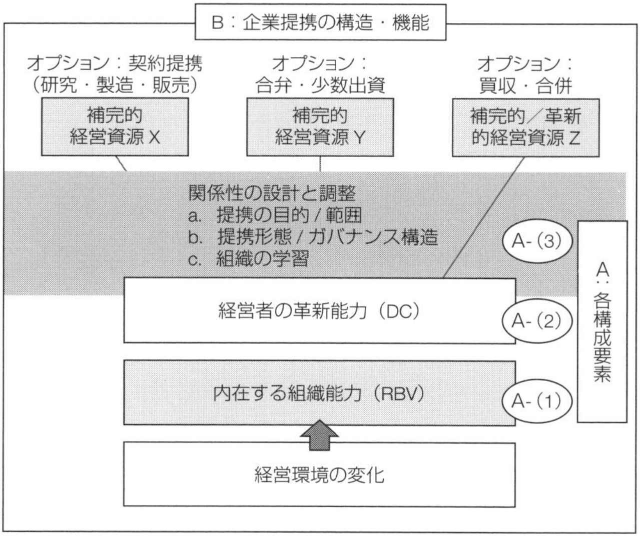

は購入不能で独自性のある経営資源の集積としてとらえる資源ベース理論によって説明が可能である。

しかしながら，一定の成果を上げた事業に従事する企業であるほど，新規事業についてのリスクを回避する傾向があり，企業の経営革新を進めることは難しい。既成概念と異なる意思決定は社内の抵抗に遇い，経営革新の方向と相反する常識的な判断が多数を占める危険性がある。その局面を乗り越えるためには，経営者による組織および戦略の革新能力が必要とされる（Teece, 2007）。

(2) 企業経営者の革新能力

企業をとりまく経営環境の変化が激しい状況においては，適切な提携相手と提携形態を選択するため，経営者の革新能力が不可欠になる。このような革新能力は，ダイナミック・ケイパビリティ理論によって主張され，資源ベース理論を補う観点として位置づけられる。

企業は，研究開発を始める段階においては，複数の事業機会の可能性を感知する。初期段階においてはすべての可能性を探索するが，開発の段階を経るにつれて，市場獲得・拡大の可能性のある製品分野を特定化していく。企業経営者は，感知した事業機会に関し，実用化のための応用開発への投資によって，実際に事業を始めるための経営資源を獲得する。技術を企業内部で開発する能力と同様に，企業の外側から必要な経営資源を調達することも経営者の重要な能力である（Teece, 1986, 2000; Chesbrough and Teece, 1996）。また，買収によって経営資源を補完する場合には，組織の再形成，すなわち組織を統合した後に，調達した経営資源を活用するための業務設計をおこなう。組織文化が硬直的で変化に対応しない場合は，組織を変革するための努力が必要となり，そのためにも企業経営者の変革能力が必要となる。

本研究が分析の対象とする有機 EL 分野において，各企業が市場創造をめざして多様な提携関係を展開している現実を直視し，加えて，企業が経営資源を革新するために合併・買収の手段も選択肢として検討していることを考

慮し，本分析フレームワークは，買収による経営資源の革新能力に注目する。柔軟な形態の戦略的提携の形態を選択するか，あるいは合併・買収を実施するのかは，経営者が主導する企業戦略の在り方と意思決定に依存する。

(3) 提携関係の設計と調整

企業提携の設計に続き，開発の進捗および経営環境の変化に応じて，企業提携を調整する必要性が生まれる。企業提携の効果を継続的に発揮させるためには，提携の目的・範囲，形態を適切に調整し，さらに組織の学習を促進させる必要がある。経営者には，どのような経営資源を調達するべきか，どのようなガバナンス構造を採用するかという企業提携の設計に加え，組織学習を効果的に維持するために既存の提携関係を変革する能力が必要である (Teece, 2007)。

提携契約を締結する時点では，互いの経営資源の実態およびその発展性に不確実な要素が多いため，提携契約で規定した共同開発の範囲の設定には不確定な要素が残る。当初に設定した提携範囲が，期待していた内容と異なることが判明した時，さらに，競争環境の変化により，それまでの提携内容が経営戦略を実現することができないことが明らかになった時に，提携関係は調整される。加えて，提携関係のガバナンスを強化することが望ましいと判断される場合には，株式持ち合い，合弁比率の変更，買収など提携形態の変化という調整が必要になる。同様に，提携の目的が達成されない，あるいはそれ以上の効果が期待できないと判断される場合，企業提携の終了，事業売却などにより提携によって生まれた組織形態は消滅する。

このように，企業提携とは，その具体的内容が設計された後に不断に調整される活動である。Doz と Hamel は，提携とは「関係性の進化」であり，関係性から生まれる成果に対する評価によって，提携関係は見直されると指摘する (Doz and Hamel, 1998)。企業提携の構造を設計することからイノベーションが促進されることがあり，また逆にイノベーションの進展が企業提携の構造変化を促すことがある。イノベーションと企業提携の相互の連鎖

関係は，実現される市場創造および産業形成の成果に大きな影響を与える（Linnarson, 2005）。

　価値のある経営資源をもつ企業は，他企業との提携関係を拡大していくが，経営資源が価値を発生しない場合，企業として十分な利益を得られず，組織形態が消滅することがある。しかし，Helfat and Winter（2011）が指摘するとおり，組織形態の消滅とは別に，組織に蓄積されたケイパビリティは関係者による知識として維持される。また，提携関係が解消された場合においても，関係者が蓄積してきた知識はさまざまな形でケイパビリティとして利用することが可能になる。企業が他企業に買収された際には，買収企業の組織において，被買収企業のケイパビリティが活用され，経営資源の組み合わせから知識が創造され，新規事業分野での市場創造が可能になることがある。

B. 企業提携の構造と機能

　本研究が有機EL分野で分析対象とする企業提携は，日本企業が伝統的に採用してきたモデルとは異なった構造と機能をもつことが指向されている。そもそも，対象とする提携がセットメーカーを中心とした関係とは異なり，研究開発，製造，販売といったバリューチェーンの全てを自社の提携関係に取り込むことを標準としていない。携帯電話やテレビなどの製品分野で海外市場の獲得に成功せず，商品設計力やコスト競争力のある生産能力および販売力において競争力を失いつつある日本企業は，新市場を創造するために，その事業の内容に応じて目的とする市場に応じて提携先を選択し，提携後の事業運営のための関係を設計し，さらに，経営環境の変化に応じて関係性を調整している。

　このように，有機EL分野において，企業提携は市場創造を探索する手段として機能する。企業が提携先とその提携形態を選択することは，新市場の創造に向けた戦略的展開であり，提携先企業のもつ商品開発力，生産能力，販売力などを活用することにより，自社によって開発可能な市場と異なる市

場に参入する可能性を試すことができる。伝統的な企業提携では，新市場の創造はセットメーカーの組織能力の卓越性に依存していたが，本研究の対象分野では，企業経営者の主体的意思決定とそれによる革新能力が可能にする新しいタイプの企業提携の構築が，新市場創造の成否に対して影響を与えるという性質がある。

第7節　分析フレームワークの特徴

　本章では，企業間の提携関係に関し，経済学／経営学の先行研究を参照し，本研究の分析フレームワークを構築した。この分析フレームワークには2つの特徴がある。1つは，企業提携を構築するための構成要素を明らかにし，それぞれの要素間の関係性について整理をしたことである。もう1つは，構築された提携関係は，従来日本企業によって設計されてきた提携関係における構造と機能と相違点があることを明らかにしたことである。

　前者を総括すると次のようになる。企業は経営環境の変化に応じて，内在する組織能力を拡張するために，企業境界を戦略的に設定する。具体的には，提携の目的／範囲，提携形態／ガバナンス構造／組織の学習の設計である。ただし，経営環境の変化に応じて，企業提携の設計内容を調整する必要が生まれる。昨今では，これまで戦略的提携の範囲に含められなかった買収／合併という取引も含めて企業提携の関係性を検討する傾向にあるが，そこでは，経営者が革新能力を発揮する必要がある。各構成要素に関連性をもたせるこのような活動は，先端技術の実用化，さらには市場創造の探索の局面において効果を発揮する。これについては，第3章および第4章にて，事例分析を用いて考察する。

　後者を総括すると次のようになる。各構成要素が結びついて構築された企業提携には，従来と異なった構造と機能をもつ。昨今，多様な企業提携の形態が活用される傾向にあるが，これは，従来セットメーカーを中心に形成された垂直統合，垂直的制限とは異なるものである。支配権の移動を伴う資本

取引については，出資比率などにより，企業境界の拡張/縮小などが規定される。このようにして構築された企業間の関係性は，長期的に維持されるとは限らず，企業戦略の変化に応じて経営者の革新能力の発揮により，提携関係は調整される。このよう活動を総括的に俯瞰すると，組織境界の戦略的設定という企業の戦略が，結果として新産業を形成する一方で，業界再編を誘導することがあり，そのことが従来と異なる企業提携の機能として認められる。これについては，第5章で事例分析を用いて考察する。

注
1　このほか，企業提携の要因を解釈する理論として，各企業の営みを産業形成の組織的行動の一部分ととらえる産業組織論の観点からの議論もある（コース，1992）。産業組織論は，知識の公共性に着目し，パートナーから得た知識を内部組織化するために提携を結ぶと考える。この観点からは，知識の吸収（incoming spillover）と知識の移転（outgoing spillover）という2種類のスピルオーバーのバランスが提携の当事者にとって重要であり，他社との提携により自社の知識が他社に移転する以上に他社からの知識の流入が価値をもつと期待される（Belderbos *et al.*, 2004）。ただし，産業組織論の解釈は，企業提携によって生まれる新規の知識創造プロセスや，企業提携が各組織形態に与える変化といった動態的な効果を考慮をしないことが課題である。
2　ダイナミック・ケイパビリティ理論における分析の操作性に課題があることが指摘されている。例えば，Winter（2003）は，ダイナミック・ケイパビリティに依存しなくともアドホックな問題解決能力によっても戦略の変革を実現できることを示した。また，組織の変革能力を形成するための要因についての議論が不足するとの指摘がある。
3　経営者の判断を過大解釈することには危険性があることにも留意が必要である。経営者は，収益の最大化を望む株主と異なり，企業規模を拡大することを望む傾向にあるが，それは自身の雇用の安全性に関する経営者のリスク回避の行為と指摘される（Barney, 2002）。自社で達成できない事業を推進するために，異なる経営資源を組み合わせる企業提携を形成することは，一定の売上規模を有する企業を買収する場合と比べると，結果を生み出すにはより長い時間を要するため，買収時点でその成果を確約することができない。従って，経営者が合併・買収の意思決定をおこなう時には，自身の在留期間を超えても，効果が継続するものであるかどうかについて，株主等第三者による監視が必要となる。

第3章

有機ELの実用化探索

　有機ELの実用化を目指した研究開発が進展した期間は，大学の法人化，産学連携が推進された時期にあたる。有機EL分野において革新的な研究成果を生み出した九州大学，山形大学では，それぞれ地域性を活かした産学連携が展開されてきた。また，海外の大学等で生み出された有機EL分野の主要な基礎技術が，それをもとに創設されたベンチャー企業によって，世界への普及が進んだことも特徴的である。

　ここでは，1980年代後半より今日まで，先端科学技術および産学連携に関して，どのような政策が講じられてきたのか，また，有機ELの基礎発明から応用開発に至る過程で，どのような産学連携が形成され，実用化探索に貢献したのかについて考察をおこなう。この考察には，大学がイノベーション創出拠点の役割を担うことへの期待という側面と，企業による産学連携の効果的活用という側面の，2つの側面がある。

第1節　有機EL分野における国内外の基礎発明

　先端科学技術は，国家および企業の社会的・経済的価値の源泉である。ところが近年では，先端科学技術の創出に必要な予算は高額化する傾向があり，企業単独で経済的成果を生むための研究開発費を負担することは困難である。実際，大学・企業とも，孤立してイノベーションを実現することは不可能であり，多くの産業において，大学・研究機関等の外部組織との協業の機会が増加している（Mowery, 1999）。そこで，外部組織へのアクセスがイノベーションを生む環境を整える1つの方策となる。一般的に，大学研究者

が革新的な発見について論文を発表した後に，その科学技術に注目した企業が実用化を目指すという傾向があり（Darby and Zucker, 2005），大学や公的研究機関からの知識移転（スピルオーバー）が，企業の研究開発の効率性や生産性を高めることが認められている（Balderbos *et al.*, 2004）。

　ただし，先端科学技術に期待される社会的・経済的価値の創出について鑑みれば，別の課題が存在する。基礎発明から経済的価値が創出されるまでには少なくとも20年以上の長い期間を要することから，基礎研究者は，どの科学知識が経済的価値を有するのか，また，どのような経済的価値を創出するのかについて基礎研究者は確実な情報をもたない。ある時期に注目された新規の科学技術が，それを経済的価値に転換する段階において十分な応用研究が追随しない，あるいはその技術を凌駕する代替技術が台頭するなどといった要因により，経済的価値が生成されないこともある。そのため，いずれの先端科学技術に実用化の可能性があるのかという判断には不確実性が伴う。有機EL分野においては，大学等の研究機関においても，この経済的価値に関する不確実性に影響を受けてきている。

　有機ELの発光原理は，1930年代に発見され，1950年代に研究が進展したものたものである。1987年にイーストマン・コダック社のTangらによる低分子系の基礎発明と，1989年にケンブリッジ大学のBurrohghesらの高分子系の基礎発明により，実用化の可能性が見い出された。Tangらは，ジミアン誘導体およびAlq3（トリスアルミニウム錯体）を蒸着積層し，厚さ100nm程度の二層構造に構成した素子を形成し，10V以下の電圧において，輝度1000cd/m^2，発光効率1.5lm/Wを達成した（筒井他, 2012; Tang and Slyke, 1987）。しかし，得られた発光は瞬時に消滅したため，イーストマン・コダック社は，同技術に関して特許を取得したものの，自社での実用化は困難と判断した。そこでTangらは，この研究成果について，Applied Physics Lettersに論文を投稿した（Tang and Slyke, 1987）。この研究成果に高い関心を抱いたパイオニア，NEC，TDK，スタンレー，三洋電機，東芝，三菱化学，出光興産などは，イーストマン・コダック社とライセンス契

約を締結した（城戸，2003）。1999年以降，イーストマン・コダック社は三洋電機との共同研究の関係性を深め，2001年に三洋電機と合弁会社「エスケイ・ディスプレイ」を設立した。この背景には，有機ELの本格的普及には，アクティブマトリクス型ディスプレイが必要となり，その開発には数百億円規模の資金を必要とするという事情があった（坂本，2005）。

　高分子系の基礎発明は，ケンブリッジ大学のRichard Friendらのグループによる，π共役系高分子を用いて開発した有機EL素子（Burroughes *et al.*, 1990）である。Maine and Garnsey（2006）はCDT（Cambridge Display Technology）社の発展を以下のように述べている。Friendは，ケンブリッジ大学における約10年の研究の成果に関する1989年に取得した特許をもとに，1992年にCDT社を設立した。CDT社は，大学やCambridge Research and Innovation Ltd.（CRIL）などから資金を調達し，1996年以降，フィリップスなどとライセンス契約を結んだ。1998年にはセイコーエプソンとのアクティブマトリックスやインクジェット印刷技術とを組み合わせた共同開発の成果について特許を取得した。日本企業とは，2001年に製造装置開発を目的としてトッキと，2002年にはセイコーエプソンと，凸版印刷との共同開発契約を締結した。その後CDT社は，ライセンスの提供だけではなく，共同開発に発展させていく。2002年には初の実用化製品として，電気シェーバーへのディスプレイ搭載を実現し，次に，ドイツのOsram Opt Semiconductorsと共同で携帯電話用のディスプレイを販売した。2004年には米国ナスダック市場（National Association of Securities Dealers Automated Quotations）に上場したが，2001年より共同開発を開始した住友化学と共同開発の提携関係を深め，2007年には同社に買収されている。

　液晶技術が欧州で基礎発明がなされ，米国で応用研究が発展し，日本で実用化が実現したという過程を経た（沼上，1999）ことに対し，有機ELでは基礎技術も日本で開発されていたという特徴がある。1988年に，九州大学の安達らの研究グループは，ダブルヘテロ構造（電子輸送層・発光層・正孔輸送層の3層構造）素子を開発し（Adachi *et al.*, 1988a, 1988b），1990年に

は，青色発光の素子を試作した（Adachi et al., 1989, 1990a, 1990b）。

　この時期の日本企業は，積極的に基礎研究に従事した。三洋電機の浜田らによる Alq3 の蒸着膜の耐久性に着目した発光材料の研究（筒井他，2012）がある。出光興産は，1985 年より低分子有機 EL 材料の開発に携わり，1997 年にスチリル系材料を用いた青色発光素子を開発し（Hosokawa et al., 1995, 1997)，カーオーディオのエリアカラーディスプレイ材料として採用された。1989 年にはパターン化された色変換層（CCM）を組み合わせた色変換方式を開発した。その他，パイオニアグループは RGB 素子によるカラー化，TDK グループは白色発光にカラーフィルターを利用した方法を開発している（特許庁，2006）。

　照明への応用研究に関しては，1993 年に山形大学の城戸淳二が白色有機 EL 発光を実現し，1995 年に積層型白色素子について論文を発表した（Kido et al., 1995）。2002 年に，城戸らはアイメス（神奈川県藤沢市）と共同開発によってユニット積層のマルチフォトン構造による有機 EL 素子を開発した。

　有機 EL 研究のさらなる発展を遂げる契機を与えたのは，1998 年および 1999 年にプリンストン大学と南カリフォルニア大学の研究グループによる，白金錯体およびイリジウム錯体を用いた常温で高効率の燐光発光の発表である（Baldo et al., 1998, 1999）。1994 年には，同研究グループの特許をもとに Universal Display Corporation（UDC 社）が設立された。研究開発型ベンチャーとして，米国ナスダック市場に上場し，保有特許について世界各国の有機 EL 関連企業等にライセンス提供をしている。日本企業では，2001 年にソニー，2006 年には三菱化学と出光興産，2007 年に新日鐵化学とライセンス契約を結んでいる。新日鐵化学とは，赤色ホスト材料と UDC 社の赤色燐光発光を組み合わせた製品を開発し共同で販売している。また，同社は 2007 年にトッキ，出光興産との共同開発を締結し，のちにその範囲を拡大し，2009 年には昭和電工と共同開発を提供している。2012 年に，UDC 社は富士フイルムの特許 1200 件について 1 億 500 万米ドルで譲り受けている。

第2節　イノベーション概念の進展

　ところで，有機 EL の基礎発明が発表され，世界に普及する過程は，国内外において，科学技術の実用化および経済的創出に関する期待が高まってきた時期に重なる。1970 年代に日本では，鉄鋼，造船産業が，1980 年代には自動車・家電産業が発達したことにより高度経済成長を実現した。しかし，1990 年代初期にはバブル経済の崩壊を境に日本企業の競争力が低迷し，それまでの経営モデルに沿って経済成長を継続することは困難になった。そこで，欧米のイノベーションに関する研究，イノベーション政策を参照し，日本経済の成長モデルが再考されてきている。ここでは，先ず，どのようにイノベーションに関する概念が変化してきたかについて概観しよう。

　イノベーション理論の起源は，シュンペーターによる定義，「経営資源の結合」に始まる（シュムペーター，1934）。シュンペーターは，経営資源や人材などの活力が結合され，生産の在り方が非連続的に変化するときにイノベーションが出現し，経済が発展することを指摘した。1970 年代になると，日本のみならず先進国において経済成長が停滞していたが，その状況から脱却するために，イノベーションに期待が寄せられるようになり，イノベーション研究が活発化した。

　1970 代後半には，企業のイノベーションサイクルである，アバナシーおよびアターバックのプロダクトイノベーションおよびプロセスイノベーション（A-U モデル）が参照された（Utterback and Abernathy, 1975; Abernathy and Utterback, 1978; Utterback, 1994）。これは，市場形成のプロセスを製品技術の進化（プロダクトイノベーション）と製造工程技術の進化（プロセスイノベーション）の関連性でとらえ，生産性の向上に伴い，企業組織が変化することを示したものである。産業形成の初期段階においては，プロダクトイノベーションの発生率が，プロセスイノベーションの発生率を上回って多発する。次に，市場で支配的な標準製品（ドミナント・デザイン）が定着

すると，プロセスイノベーションの発生率が，プロダクトイノベーションを上回る移行段階となる。さらに，産業が発展し成熟段階を迎えると，コスト削減が競争の焦点となる特化段階となる。液晶分野の産業形成プロセスは，典型的な A-U モデルのプロセス軌跡を辿ったが，有機 EL 分野においては，より複雑な経路となった。

1980-90 年代は，国家・地域など社会的要素が，企業のイノベーション創出過程に大きく影響を与えることに着目した研究が発展した。大学・企業とも，孤立してイノベーションを発生させることは不可能であり，他者（社）との関係性（ネットワーク）および国家のイノベーション政策など，社会・経済環境からの影響を受ける（Fagerberg, 2005）。Freeman（1987）は，「ナショナルイノベーションシステム」という概念を体系化し，公的・私的組織のネットワーク形成によってイノベーションが創出されることを示した。ナショナルイノベーションシステムにおいて大学は，知識の供給源として重要な役割を担う（Mowery and Sampat, 2005）。

1980 年代の日本では，日本と産業界の間に形成された独自の産業形成システムが機能していた。政府は，産業の育成を主導し，その方針を視野に入れて，企業は戦略を構築し，実践した。また，企業では，高度成長期において獲得した収益を基礎研究に充当して技術的知識を蓄積し，企業競争力を確保してきた。これに加え，終身雇用・人事システムなどの日本企業特有の労働環境が，企業内の知識共有を促進させ，これらの多様な要素が相互的に連関し，国家的な産業システムが形成された。

有機 EL 分野におけるイノベーションの軌跡との対比でいえば，Freeman のナショナルイノベーションシステムの概念が世界に影響を与えた 1987 年頃は，有機 EL 分野における基礎技術の発明が発表された時期にあたる。イーストマン・コダック社の Tang らによる低分子系有機 EL 素子の発明，1988 年には九州大学の安達千波矢らの研究グループによる 3 層構造による青色発光が発表されている。東北パイオニアが先端科学技術の開発に積極的で，九州大学に研究員を派遣し，有機 EL 発光層に関する基礎技術を習得し

た。ただし，この時代においては，日本の大学研究者の研究成果は公的なものであり，特定の企業との個別提携によって技術の実用化を探索するという役割を担うという認識はなかった（渡部，2011）。

1990年代になると，米国ではシリコンバレーを中心にIT産業が発展し，オープンイノベーション（Chesbrough, 2003）の概念が普及した。これは，専門化・高度化する技術を内部開発するだけではなく，外部企業等との協業で創出し，知識の流出入を促進することを提唱したものである。特徴的なことは，最終製品を頂点とする垂直統合ではない提携形態が発展したことで，その代表例は，インテル社が，自社の半導体技術を基盤としてを巻き込んで形成したビジネスプラットフォームである（ガワー他，2002）。この形態は，内部資源を補填する仕組みである一方，プラットフォームに参加する企業が参加企業に対する主導権を握るための企業間競争の要素も含んでいる。

世界的にオープンイノベーションが進んだ結果として，部品と素材など一連の中間財における標準化と共有化が進み，台湾・韓国などの安価で利便性の高い製品を開発・製造する企業が，グローバル化を進展させる土台を形成した。この傾向は，1990年代後半や2000年代前半の液晶産業が成熟する局面において，また同時に有機EL分野における市場創造の局面においてきわめて顕著になり，日本企業の国際的競争力の低下を招く要因となった。

2005年以降，イノベーション創出活動は，社会・経済的要素の相互作用において創出されるものという認識が広まった。イノベーション創出活動においては，人材・知識・資金・市場などのさまざまな要素が，それぞれ競争と競合を通じて，生態系「エコシステム」のようにダイナミックな変動を遂げる（科学技術振興機構，2010）。エコシステムにおいて，科学技術者は社会・地球環境を観察して課題を抽出し，それを解決するための知識を生み出す科学者，解決策を実装する科学者，さらには産業界・民間団体との協業によって社会を改善する，という一連のシステムの構築が目指されることとなった。

第3節　日本における大学改革と産学連携

　イノベーションに関する概念の変化は，その中核的役割を担う大学の機能に対する認識も変化させた。米国において大学に関する諸改革が実行され，それに影響を受け，日本政府も大学改革に着手した。ここでは，どのように日本の大学改革が進んできたのかについて考察するために，先ず，米国で実施された大学改革をみてみよう。

　米国における一連の大学改革は，大学で生み出された知的財産に関する1980年の特許法改正（大学および中小企業特許手続法，通称「バイ・ドール法」）等によって規定されたプロパテント政策に始まる。この法改正により，政府資金を活用した研究開発より生まれた発明についての特許権等は，大学または研究者等の研究実施機関に帰属させることが認められたため，知的財産を得た機関等は他の機関にライセンス供与することが可能となった。それまでは，連邦資金による研究成果は政府が一括して管理していたが，その方法では，実用化に供される割合が低いという課題があった。

　バイ・ドール法制定の可視的な成果としては，大学発技術の特許取得のための活動と企業へのライセンス供与を実施するTLO（Technology License Office）の設立，ライセンス収入，大学発ベンチャー創設，および産学連携の実施がある。洪（2009）によれば，米国におけるTLOの設立は1972年の30校から1997年には275校へと増加，ライセンス収入は2006年で18億ドルに増加，大学発ベンチャーの創設数は2006年までで5724校，産学連携の成果として，民間からの研究開発資金提供額は1980年の3.9%から2000年には7.2%に増加したことが報告されている。

　その後米国では，2004年に競争力評議会より「イノベート・アメリカ」（通称：パルミサーノレポート）が発表され，イノベーションが経済成長の主導であり，イノベーションを促進するためには「教育人材」「研究開発」「社会インフラ」の側面に力点を置く必要があるという政策提言が提示され

た。2005年には，全米アカデミーズによる政策提言「強まる嵐を超える」（通称：オーガスティン・レポート）が，2006年には大統領府による「米国競争力イニシアティブ」が発行され，教育の強化，自然科学分野の研究予算を10年間で倍増すること等が決定した。

さて，この動向に鑑み，日本政府は，大学を中心とした国家的知的基盤の整備のための一連の改革を実施した。1995年の科学技術基本法制定，科学技術振興政策を推進するために科学技術基本計画を作成し，その遂行に必要な研究資金と研究環境を整えるなどの施策を規定した。1998年には，日本版の大学等技術移転促進法（TLO法）が制定され，国の資金によって実施された研究における大学教員の発明が，研究実施機関である大学に帰属させることが可能となった。1999年には，産業活用再生特別措置法第30条（通称「日本版バイ・ドール法」）では，政府資金を活用して大学や民間企業が従事した研究開発によって生み出された特許権等の知的財産権を，受託企業に帰属させることが可能となった。

2003年には，知的財産基本法が制定され，知的財産戦略本部の設置により，知的財産の創造，保護，活用に関する施策を推進することが定められた。翌年2004年には，国立大学法人法により，大学ごとに独立した法人格を付与し，予算および組織などの運営を自立的に規定することとなった。2012年より，文部科学省では，大学発ベンチャーの創出を促す「大学発新産業創出拠点プロジェクト」が，2013年には，大学等の研究機関を産学連携研究開発拠点（センター・オブ・イノベーション；COI）とする取り組みが始まった。

文部科学省の調査によれば，これまでの産学連携などの取り組みによって，大学の共同研究の受け入れ実績，大学の受託研究の受け入れ実績，寄付奨学金実績および大学発ベンチャー設立実績とも，平成15年から平成21年の間に約2倍となり，一定の成果がみられる。（文部科学省, 2013; 渡部, 2013）。この一連の改革の成果をみるために，文部科学省と経済産業省では，技術移転，ベンチャー，共同研究・受託研究活動の有効性・効率性および実

用化への貢献，研究力向上，教育・人材育成，地域における産学連携活動の有効性・効率性および実用化への貢献を計測する指標を考案している（三菱総合研究所, 2014）。

　ただし，日本政府の科学技術政策が，このように米国の政策動向を短絡的に参照することについて，必ずしも肯定的ではない見解も示されている。たとえば，馬場・後藤（2007a）は，米国の大学が，研究成果についての特許などの知的財産から得たライセンス料によって収入を得ているという理解は，米国のイノベーションシステムに関する一面にすぎず，本質を見据えていないと述べる。同氏らは，米国では国防省および国立科学財団（NSF）による支援によりインターネット技術が生まれ，国立衛生研究所（NIH）によて遺伝子解析の技術が生まれたことを指摘し，長年にわたる米国政府の支援が成果を生んだことを指摘した（馬場他, 2007b）。また，日本においては，大学と産業界は多様な形態で関係性を構築しており，産学共同研究，研究コンソーシアム，研究委託，特許ライセンシング，大学発ベンチャーなどの公式な形態のほかに，企業へのコンサルティング，寄付金，人材育成など非公式な形態も重要であるという（馬場他, 2007b）。また，大学の研究者においては，科学の進歩とともに社会貢献を重視し，多様な企業とともに研究開発コミュニティーを形成し，企業に対しコンサルティングを提供する，「パスツール型科学者」の存在が重要と考えられている（馬場他, 2013）。

　米国のバイ・ドール法についても万全の評価が得られているとは言い難い。米国の大学のライセンス収入が，バイ・ドール法の制定よりも前の研究開発成果より生まれているという分析結果（Mowery and Ziedonis, 2002），ウィスコンシン大学，カリフォルニア大学，スタンフォード大学などの主要大学において，バイ・ドール法以前から技術移転を促進した（洪, 2009）との指摘がある。さらに，バイ・ドール法制定後は，米国全体として大学による特許取得やライセンス付与の増加がみられ，研究成果の所有権を強く主張するために契約交渉が長引くなど，バイ・ドール法が産学連携に弊害をもたらしたという見解が存在することも指摘する（洪, 2009）。上山（2013）は，

制度改革によって改革が進んだと思われる米国の産学連携に対して，大学人からの大きな抵抗があったこと，かつそれを乗り越えるための慎重な受け入れ体制の確立があったことを指摘する。米国での一連の政策が理路整然と普及したものでもなく，また政策そのものに対する評価が必ずしも肯定的なものに限らないとすれば，その成果を一意に定めず，評価について議論を継続するべきであろう。

第4節　有機EL分野における産学連携と実用化探索

　さて，このような大学改革が進行する中で，有機EL分野においては，産学連携の試みはどのように実用化探索に貢献したのだろうか。先端素材の分野では，広い産業分野に適応され，高い経済価値をもたらすイノベーションを創出する可能性があり（OECD, 1998），新規参入者には魅力的な分野であるが，商用化には数々の困難が付きまとう（Maine and Guansey, 2006）。実用化の不確実性が高い時期において，政府等の助成金は，産学連携の取り組みを促進させるために機能する。企業は，独立行政法人新エネルギー・産業技術総合開発機構（NEDO），地域の産業経済局，科学技術振興財団（JST）などの助成金を獲得し，大学も企業とパートナーシップを形成することにより，実用化のための研究課題に取り組むことが可能となる。

　有機EL分野において日本企業は，海外企業（イーストマン・コダック社，CDT社，UDC社）および九州大学（筒井哲夫，斉藤省吾，安達千波矢）などの研究機関と共同開発により，基礎技術を習得し，実用化の検討を始めた。液晶分野では，欧州で液晶の基礎発明が生まれ，米国で応用開発が進み，日本で実用化が進展した軌跡をもつ（沼上, 1999）ことと比べると，有機ELは基礎研究が日本で発展したことに特徴がある。有機EL分野の実用化研究を進めるため，九州大学にパイオニアから1名，東北パイオニア総合研究所の研究員2名が派遣され，有機EL発光原理，材料，デバイス構造などの基礎技術を習得した（坂本, 2005）。製造技術は東北パイオニア研究所で

開発し，1997年に世界初となるカーオーディオを生産・販売した。ただし，当時の日本では，大学の研究者の成果は公的なものであり，特定の企業との個別提携に深く関与することは，極端に言えば，癒着と考えられる懸念があった（渡部，2011）。米国では，大学の特許の多くは中小企業またはベンチャー企業に移転されるケースが多いが，日本の大学の研究成果は，企業との共同研究という形を通じて企業に移転されるケースがほとんどであり（渡部，2013），それによって生まれた発明に対する所有権の多くは企業が取得していた（Kneller, 2006）。

1999年度，山形大学と大日本印刷およびパイオニアは，NEDOよりマッチング・ファンドを取得し，超薄型・発光型フレキシブル有機ELディスプレイを開発した。発光材料のインク化をおこない，印刷法を用いて製膜し，フレキシブルディスプレイのカラー化を実現した。2002年から開始されたNEDO「高効率有機デバイスの開発」プロジェクトは，山形大学（城戸淳二）・千葉大学（工藤一浩）・産業総合研究所（鎌田俊英）等によって実施された。次世代情報端末における携帯性，低消費電力性，低コスト化などの技術的課題に取り組んだ。アイメスと城戸らが出願した特許は，2007年にアイメスを買収したロームに譲渡され2009年に設立された，三菱重工，三井物産，ロームおよび城戸淳二による合弁会社ルミオテックによって，城戸らの発明は照明の実用化に応用された。

2008年には，ソニーをプロジェクトリーダーとした「次世代大型有機ELディスプレイ基盤技術の開発（グリーンITプロジェクト）」（平成20年−24年）が実施された。40型フルHDディスプレイ（消費電力40W以下）の開発を目標とし，日本公的機関・大学，パネルメーカー，装置メーカー，材料メーカーなどの技術を結集して，大型パネルの製造を早期に実現することを目的とした。このプロジェクトの背景には，ソニーが2007年に11型テレビを発売した後，日本企業による大型化・量産化の技術開発が遅延していたという事情がある。大型パネルの基盤技術の開発は，単独民間企業ではリスクが高く，取り組みが困難であるため，コンソーシアムが形成されることと

なった。一方，当時の韓国サムスングループは，有機 EL 分野に大型投資を実施し，市場形成に向けて競争力を増していた。ただし，2013 年末時点では大型ディスプレイの価値は高価であり，本格的普及の兆しは見られない。

　2009 年に九州大学教授の安達千波矢は，JSPS 最先端研究開発支援プログラム（First）の 1 つである「スーパー有機 EL デバイスとその革新的材料への挑戦」プロジェクトのリーダーとなった。2010 年 4 月には，九州大学に最先端有機光エレクトロニクス研究センター（OPERA：Center for Organic Photonics and Electronics Research）を設立し，11 社の民間企業と国内 10 大学および公的研究機関が参加した。その結果，安達千波矢らの研究グループは，イリジウムなどのレアメタルを用いず，熱活性型遅延蛍光（TADF：Thermally Activated Delayed Fluorescence）を原理とする，有機発光材料（Hyperfluorescnence）を開発した。これは，光変換効率がほぼ 100％ となるもので，製造コストを大幅に削減する可能性をもつ。2013 年には，福岡県および国の支援により，福岡市西区元岡（九州大学近隣）に総額 9 億円で「有機光エレクトロニクス実用化開発センター」が建設され，九州大学と化学メーカーの研究者で，パネルの試作および性能評価等に関する共同研究を開始した。

　山形大学では，2011 年に「有機エレクトロニクス研究センター（ROEL）」を建設し，有機 EL を含む有機エレクトロニクス分野に関連するさまざまな研究者が連携できる場を設置した。2009 年に科学技術振興機構（JST）の地域イノベーション創出総合支援事業「地域卓越研究者戦略的結集プログラム"先端有機エレクトロニクス国際研究拠点形成"」が開始した。このプロジェクトは，有機 EL 技術に加えて，有機太陽電池分野，有機トランジスタ分野の卓越研究者を国内外から招聘し，有機エレクトロニクス分野の国際的研究拠点を形成することを目的とした。また，NEDO 戦略的国際標準化推進事業「有機 EL 照明に関する標準化」，および NEDO「有機 EL 照明の高効率・高品質化に関わる基盤技術開発」では，照明用有機 EL パネルの量産実証試験および有機 EL 照明照準化のためのパネル規格のデータ取得および

評価方法の提案, 発光効率改善に取り組んだ. さらに, 次世代化学材料評価技術研究組合, 九州大学, 九州先端科学技術研究所と共同で実施しているNEDO次世代材料評価基盤技術開発において, 有機EL材料の評価基盤技術開発が進行中である.

また, 2009年に開始した, 文部科学省の戦略的イノベーション創出推進プログラム「有機材料を基礎とした新規エレクトロニクス技術の開発」の中で, 山形大学は大日本印刷と共同で,「印刷で製造するフレキシブル有機EL照明の開発」に取り組んでいる. プロジェクトが終了するまでに, $3000cd/m^2$, 効率60lm/W, 輝度半減寿命1万時間を達成することを目標としている (城戸, 2014). 2013年には, 米沢市郊外に有機エレクトロニクスイノベーションセンターが開所し, 山形大学・企業および公的機関が有機エレクトロニクス分野の先端技術について, 共同で応用開発および実証研究を実施する拠点が設立された. 同年より, 文部科学省の革新的イノベーション創出プログラム (Center of Inno-vation-trial) STREAMプログラムでトライアル拠点 (COI-T) として採択され, 個人ニーズ未来ものづくりで健康・感性文化豊かな生活を目指すフロンティア有機システムイノベーション拠点の構築を目指している.

第5節　産学連携の設計と調整

さて, 本章のまとめとして, 日本政府の科学技術および産学連携の政策を受け, どのように大学がイノベーションの創出拠点という役割を担ったのか, また, どのように企業は産学連携を活用してきたかについて, 検証してみよう.

九州大学と山形大学は, 有機ELおよびその関連産業におけるイノベーション拠点としてのアイデンティティーを確立し, 定期的に研究会を実施し, 産学官の協力を得る体制を整えてきた. 双方には, 大学を中心として企業と積極的に共同研究に取り組むという共通点がある反面, 事業化として目

指す方向性に個性が表れている。山形大学では塗布型製造技術の確立，有機ELから有機エレクトロニクスへと領域の拡張という最先端技術を追随しつつ，米沢市と共同で，有機ELの普及と地元企業との協業にも尽力している。九州大学は，関連する化学企業が集結し，コスト削減を実現する次世代デバイスの開発に取り組んできており，現在は福岡市の支援を受け，実用化に向けた研究活動を継続している。両大学における最大の関心事は，有機EL等の基盤技術を用いた商品開発および普及であり，それぞれの大学が時代の流れに即して活動した軌跡が，今日の研究基盤と産学連携を形成した。有機EL分野の本格的実用化には，高効率・長寿命の両立，塗布積層の実現など，解決するべき技術的課題があり，実用化には，大学の研究成果が必要となる。

　一般的に，大学改革の取り組みの評価には，TLOの設立数，ライセンス収入額，大学発ベンチャー創設数などの客観的な評価手法が利用されている。ただし，有機ELの産学連携の活動においては，大学研究者は，有機ELの実用化を目指しており，必ずしも前述の数値による評価を得ることを最優先としていない。実用化の状況に応じて，大学発ベンチャーや合弁会社が形成されてきたが，大学のライセンス収入を高める，あるいは大学発ベンチャーを形成して急成長を遂げ，大学に研究開発資金をもたらすという大学組織の経済的な動機が一義的であったわけではない。同分野における研究者個人，およびその研究者の所属する大学が，研究内容の性質とその実用化のプロセスを包括的に関連させた活動の成果が今日を築いている。ただし，大学の主要な役割は，科学技術を創出し，実用化するための技術的課題を解決することであり，有機EL分野を取り巻く経済環境が大きく変動する過程で，どのような経済的な価値を創出することができるかについて評価は困難である。

　先端科学技術の実用化にあたっては，技術的課題と市場の不確実性が複雑に関連し，相互の接点を探るプロセスに直面する（Freeman, 1982）。実用化商品の普及には，生産・製造技術に関する開発費用と，長期間にわたる技術と市場の不確実性を見極めて提携関係を設計し，それに対する資金投資が必要となる（Main and Guansey, 2006）。第2章の図1で示した提携のフ

レームワークは，本質的には企業間の提携について概念化したものであるが，産学連携を設計および調整する局面においても参照することができる。産学連携の設計にも，連携の構成要素，すなわち目的・範囲，提携形態・ガバナンス構造，組織の学習の設計が基礎となる。一般的には，産学連携の提携形態は，契約提携になるが，日本においても，合弁会社の設立や，大学発ベンチャーの設立なども利用されている。そこでは，共同研究への参画者に加えて，提携活動の設計，知的財産権の管理や，経営判断に基づく提携関係の設計を実施する能力が必要となる。海外の大学発ベンチャーの事例では，企業の成長に合わせたビジネスモデルを，ライセンス提供から共同開発へと変え，また大企業からの資本を受け入れる，経営資源を売却するなど，市場環境の変化に応じて，資本取引も含めて，提携関係を変更している。このように，企業の提携活動と同様の取引がおこなわれている。

一方，CDT 社や UDC 社などの海外ベンチャー企業が，有機 EL に関する基礎研究の成果を世界に普及している点については留意に値する。CDT 社は，大学発技術の実用化支援に携わる CBIL によって，特許化，資金調達活動への支援の提供など，大学の研究成果をもとしたベンチャー企業を育成する環境が整っていた。CDT 社と UDC 社の双方とも，ライセンス供与事業，企業との共同開発事業を拡大し，ナスダックに上場して，資金調達を実施した。CDT 社は住友化学に買収され，UDC 社は富士フイルムの特許 1200 件について 1 億 500 万米ドルで譲渡を受けるなど，資本取引もおこなっている。

有機 EL 分野における他の大学発ベンチャーの事例には，2003 年に独ドレスデン工科大学（Technical University of Dresden）などによって設立された，有機 EL 構造を専門とする Novalead 社の事例がある。同社は，主に欧州の金融機関から資金調達をおこなってきたが，2013 年 10 月，韓国サムスングループの Cheil Industries（第一毛織）社が同社の株式の約 50％を 2 億 6000 万ユーロ（約 330 億円）で取得し，同時に同 40％をサムスン電子社が取得した。残る 10％は，2011 年 9 月末にサムスン・ベンチャー・インベストメント社が出資していた分で，この取引の結果，Novaled 社はサムスン

グループの傘下に入った。このように，初期的には契約提携で始まるが，研究成果を企業に移転し，資産価値を高め，民間資本を取り入れた活動が展開されている。

　一度設計した産学連携を調整する必要が生じる局面もある。基礎研究の確立という段階における協業体制においては各企業の利害関係が明確ではないが，共有していた知識をもとに創出された知的財産の所有権や活用については，現実的な利害関係の調整が必要となる。サムスングループが有機ELディスプレイの製造設備に積極的な投資を実行した時期に，日本ではソニーを中心としたNEDOの助成金による共同開発が実施されたように，経営環境の変化に応じた，連携の設計と調整が必要である。共同研究の効果が現れない場合，提携相手を変更するか，提携を終了することも検討するべきである。

　新しい動きとしては，2013年後半より，出光興産がホームページで同社と有機EL材料開発（青色蛍光発光性化合物等）をおこなう意思のある研究者を募集し，オープンイノベーション形式で産学連携を組成するという手法が試みられている。提案者に対して出光興産は，材料提供による物性評価，ライセンシング実施による資金確保などを支援し，市場創造のための連携形態そのものを模索する動きを展開している。1990年代の実用化初期段階における東北パイオニアと九州大学との共同開発と近年の産学連携活動とを比較すれば，積極的に実用化を目的とした連携関係を構築しようとする意志が明らかになってきている。

　ただし，本章における考察は，日本企業が先端技術を実用化するために，どのように産学連携を設計・調整するべきかについて検討するための入口にすぎない。ここで事例としてあげた国内外の大学を中心とする産学連携は，個別事情が大きく異なり，サンプル数も少ないことから，第2章で示した分析フレームワークの妥当性についての詳細の評価は困難であったことを述べておく。

　現時点では，有機EL分野の実用化に多様な選択肢があり，むしろ，大学改革の諸施策が導入された後の平成5-10年度の大学側の体制整備に費やし

た日々の尽力を評価するべきであろう。そもそも大学発技術の実用化が実現するまでに最低でも 20 年間の月日を必要すること，1990 年代後半の改革が実現されて未だ 15 年程度の月日しか経過していないという事実に着目すれば，産学連携による大学改革および経済的価値創出という取り組みは，未だ道半ばであるというのが実態である。大学発ベンチャー創設については，経営人材の存在を必要とするが，その職務につく人材を育成することは容易ではないことにも留意が必要である。ベンチャー経営者としての職業観や事業育成に関する動機は，本人が自主的に醸成するものであり，国家的エコシステム形成の必要性とは別の次元の課題である。大学発ベンチャーに関与する研究者にとっても，自主的にベンチャー経営に関わる意思がある以外は，研究活動を主体とするのが任務であり，大学発ベンチャーへの関与について，役割と機能を特定する必要がある。

　さらに，大学という組織が蓄積した組織文化と，実用化，収益化という目的をもって活動してきた企業における規律との融合を早急に求めることは困難であるという認識があってしかるべきである。実際，不確実性が高く複雑に変化する社会との関わりは，継続的な研究成果の創出によってキャリアを構築する研究者には馴染みのある活動ではない（Trencher *et al.,* 2013）。産学連携や大学発ベンチャーは，この後に述べる企業同士の統合プロセスの試行錯誤と同様に，課題の多い状況にあることを述べておきたい。大学組織と企業組織の規律は異なるが，それぞれの組織の規律を尊重しつつ，連携の構成要素を定め，連携関係を設計し，環境の変化に応じて調整する能力を構築することが必要である。

第4章 企業提携による市場創造の探査

　次に，日本企業の有機EL分野に対する取り組みを観察し，その市場創造の現状を考察する。同分野において発生した日本企業の企業提携データを作成し，それを観察することによって提携活動の一般的傾向を明らかにする。加えて，企業の製品上市と提携活動の関係を観察し，企業は，製品上市を目的として，戦略的提携に加えて，買収・合併策を戦略的に実施していることを示す。分析結果について，第2章での分析フレームワークで示した企業提携の各構成要素について検証をおこなう。

第1節　市場創造の進展とその特徴

　有機ELは，自発光，面状発光を特徴として，画面が鮮明で色彩のコントラストが高い，応答速度が速い，波長領域が広いなどの性能を実現する（安達・安達, 2012）。実用化に関しては，ディスプレイ，タッチパネルおよび照明分野が有力である。ディスプレイ製品においては，視野角が広くバックライトを必要としないために重量・体積ともに少なく，液晶製品に比べて1/5から1/10程度の薄さを実現することが可能である（岩井・越石, 2004）。照明に関しては，面光源を特徴とする，これまでにない視認空間を創出することができる。2014年初頭には，パナソニックが有機EL曲面テレビの試作品を発表したが，今後はフレキシブルディスプレイによる既存商品との差別化が期待される。

本章の一部の分析内容は，10th ASIALICS Conference: The Roles of Public Research Institutes and Universities in Asia's Innovation Systems にて公表した内容である。

世界初の有機 EL 実用化商品としては，1997 年に，東北パイオニアが開発したカーオーディオ用ディスプレイが販売された。緑色単色パネルで，視野角が広く，それ以前の製品より文字の識別が容易になった。2002 年に，携帯電話用の有機 EL ディスプレイを製造し，2003 年には，三洋電機とコダックの合弁会社（エスケイ・ディスプレイ）が 2.16 型のデジタルカメラ用のアクティブマトリックス型のフルカラー有機 EL ディスプレイを製造し（120cd[1]，寿命 3000 時間）[2]，欧州，アジア，オーストラリア市場で販売され，アクティブマトリクス型ディスプレイの市場拡大への期待を高めた。

　ソニーは，1994 年に中央研究所で有機材料を中心とした開発に着手し，2001 年に 13 型ディスプレイの試作品を発表し，2004 年には 3.8 型ディスプレイの携帯情報端末を販売した。2007 年末にはソニーは，数百 nm の薄膜とガラス板で構成されている，厚さ 3mm の 11 型有機 EL テレビ（XEL-1）の販売を開始した。公表ベースでの寿命は 3 万時間，深い黒色と高コントラストでピーク輝度[3]が高く，各階調の発光量をコントロールし，明瞭な色彩と陰影を表示する。ディスプレイ市場は，2011 年にサムスングループが開発したスマートフォン（ギャラクシー S）を NTT ドコモが日本国内で販売したことによって本格化した。2013 年には LG 電子が世界で初めて大型の 55 型有機 EL テレビを発売した。

　一方，照明分野においては，白熱電球や蛍光灯の製造に大規模な設備およびノウハウの蓄積が必要となることから，これまでは国内 5 社（パナソニック・東芝・三菱電機・日立製作所・NEC）が寡占的に市場を拡大してきた。しかし，有機 EL 分野においては既存製品の設備や，さまざまな企業が新規参入を目指していた。2005 年に山形県が 43 億円を投じて産業育成に乗り出し，同年，東北デバイスが携帯電話のバックライトとして白色有機 EL（輝度 $1000cd/m^2$，寿命 1 万時間）の量産を開始した。2010 年には，三菱重工・ローム・凸版印刷・三井物産・城戸淳二の出資を受けた合併会社ルミオテック（山形県米沢市）は，照明用パネルの販売を開始した。2010 年にカネカは事業再生に陥った東北パイオニアを買収し，2011 年には白・赤・橙・青・

緑の5色の照明用パネルを出荷した。同年に三菱化学は東北パイオニアに出資し，有機EL照明パネルの量産を開始した。2011年にパナソニックと出光興産は，合併会社パナソニック出光OLED照明を設立し，照明パネル（3000 cd/m^2, 3000K, 30lm/W）[4] の販売を開始した。2013年にはパイオニアと三菱化学が合併会社MCパイオニアOLEDライティングを設立し，販売活動を強化した。

　照明分野で市場を確立するためには，有機ELの発光効率の向上が求められている。日本では1997年ごろから，発光効率が15lm/Wの白熱電球と，110lm/Wの蛍光灯を代替する次世代光源として，白色LEDと有機ELの開発が進んだ。LEDは2011年度で130lm/Wの発光効率まで達成しているため，有機EL照明の普及には，最低でも100lm/W，最大では150〜200lm/Wの効率が期待される。現時点でパネルの発光効率の最高値はパナソニックと東芝が1000cd/m^2で実現した90lm/Wで（笹部・城戸, 2013），2014年3月にはパナソニックが130lm/Wを達成したという報告がなされた[5]。

　さらに，有機EL産業の将来への発展形態として，軽量のフレキシブルディスプレイを用いた商品，例えば，曲面へ貼付けるポスター，電光掲示板などや衣服に付帯する情報機器など，ユビキタス社会における新しい市場創造が期待されている。

　有機ELの本格的な実用化には，大別すると3つの技術的課題がある。第一は，素子の性能に関わる課題であり，発光効率・発光輝度・寿命の向上が必要となる。菰田（2012）によれば，発光効率の向上には，発光材料の効率向上，デバイス構造の設計による電気-光変換効率向上，光取り出し効率の向上が必要となる。このうち発光効率の向上および電気-光変換効率向上については，燐光系発光材料などの開発により，目標効率を達成する見通しが出てきたが，光取り出し構造については，さらに研究開発を必要とする段階である。また，物体からの反射光を見るためには，対象物の色調を正しく認識するための高演色性[6]が必要となるが，1カ所でも欠陥があると素子全体が消えるため，照明の性能には冗長性が必要となる（菰田他, 2009）。RGB[7]

のパターニングには，RGB塗り分け，または白色にフィルターを載せる方式があるが，ディスプレイには色純度の高いRGBの開発が必要となる。基盤技術の確立は，市場の拡大には必須である。

　第二に，高画質・低電力の大型ディスプレイ画面を構成する駆動技術が必要である。これまで基盤にはアモルファスSi-TFTと低温ポリシリコンが用いられてきていたが，低温ポリシリコン基盤に期待をもたれているものの，さらに開発が必要である。

　第三として，コスト競争力のある製造技術を実現しなければならない。製造技術には，蒸着方式と塗布方式があり，カーオーディオ・携帯電話パネルなどの初代の有機EL搭載製品は，パッシブマトリクス型[8]蒸着方式により製造された。蒸着方式は，低分子系の材料を使い[9]，真空チャンバー内で原料を加熱し蒸発させて製膜するが，歩留りが悪くコスト競争力を確保することが難しい。その他に，蒸着方式には，ダスト対策，基盤洗浄技術，マスク対策（熱膨張および歪み），基盤搬送技術（クリーニング）といった技術的課題があり（三上，2011），液晶やLED照明に対してコスト優位性を確保するためには，蒸着型に替えて，塗布型製造工程の開発が必要とされている（三上，2011; 松波・服部，2011）。一方，塗布型製造技術とは，複数のノズルから液滴を射出し基盤上に製膜する技術であり，積層した発光材料の機能分離，乾燥過程の制御，不純物の除去といった課題（岩崎，2012）が残る。そのため，塗布型製造技術を採用している企業は限られており，たとえば，パナソニック出光興産OLED照明，三菱化学，昭和電工が，塗布型製造工程を導入したとされる（松波・服部，2011）。

第2節　企業提携の一般的傾向

▌分析データの抽出方法

　本研究では，有機EL分野における日本企業の企業提携の軌跡を明らかにするために，新聞記事で提携情報を抽出する手法（literature-based alliance counting）を用いた。この手法は，企業提携の成果を議論するときに頻繁に利用される方法である。分析対象とする企業の多くは上場企業であるが，上場企業は経営に重要な影響をおよぼす可能性がある企業提携について，対外的にその情報を発表する。非上場企業についての情報も，有機 EL が液晶の代替技術として早くから注目を浴びている技術であったため，新聞で多くの情報が報道されてきた。ここでは，一定の基準をもとに抽出した標本を作成し，収取したデータを分析することにより，その標本から産業全体の傾向を推定する。これにより，特定企業の個別事例をもとにした議論よりも，より信頼性のある分析が可能になる（Hagedoorn and Schakenraad, 1994）。

　なお，企業提携に関する海外の先行研究では，企業提携に特化したデータベースを用いているものがある。米国で提携に関するデータベースを入手できるのは，米国の株式市場において，主要な提携関係についての契約内容を開示する義務があること，また当該データを収集するデータベース会社が存在するからである。しかし，日本では企業提携に関するデータベースは存在しない。多くの場合，提携関係に関するデータは財務情報の開示事項ではなく，そのような情報を提供するデータベース会社も存在しない。

　ただし，新聞記事で入手した提携データをもとに分析することには課題がある。Hagedoorn and Schakenraad（1994）は，文献ベースによる提携事例を把握する方法の主な課題として下記を挙げる。企業は提携情報を全て公表するとは限らず，話題性のある情報や大企業の情報が優先される可能性があり，提携解消の情報は発表されにくく，顧客と供給先との契約は対外的に公表される数が少ないなどである。また，大量のデータ抽出は費用がかかり，仮に大規模なデータを入手できたとしても情報の不完全性という課題は解決できない。

　一般的に，市場において，各企業が保有する情報には限界があり，どの企業も，競合他社の情報を全て有している状態にはない。また，産業形成期においては，企業のどのような活動が市場創造の一般性をもった事例となるのか，判断が困難である。全ての企業提携の情報を集めた母集団を推定するた

めの標本をどのように構成するのかという点に関して，多くの関係者が購読している新聞情報を対象にする手法は，個別企業の事例分析に比べ，複数の企業の行動を比較することが可能である。これらの観点に鑑み分析対象データを，日経テレコン[10]のデータベースに収録されている日経新聞，日経産業新聞および日経金融新聞の1981年10月から2013年12月31日までの新聞記事から有機ELのキーワードを持つ記事を抽出し，そこから有機EL分野に関連する企業提携に関連する記事を選別することによって作成した。

■ 企業提携の時系列的展開

図2および図3は有機EL分野に参入した主要企業の企業提携の軌跡を時系列で図示したものである。図の縦軸には，提携形態区分を用いている。これによれば，製品上市と企業提携に一定の関連性がある傾向を概観することができる。1997年に，カーオーディオ，2002年に携帯電話に搭載された小型パネル，2007年に薄型テレビ，2010年にスマートフォン対応のパネル，そして，2011年には，照明分野において製品上市が開始された。より複雑度の高い技術を用いた製品が市場に現れると，有機ELからの収益獲得への期待が高まり，それを契機として企業提携活動が活発化する傾向が伺える。

さらに，提携の形態を観察すると，初期には外国企業等と戦略的提携を実施していることに加え，製品上市のための技術基盤を拡充した企業が，その後の経営環境の変化に対して提携形態を柔軟に選択し，製品上市に向けて買収・合併を含めた資本提携に踏み込んで，企業提携を実施していることがわかる。

その一般的傾向をみてみれば，第一に，有機ELディスプレイ分野に関しては多様な提携関係がみられ，同分野に参入を目指すセットメーカーを中心に，一連の業界再編が進行中である。いち早く，製品上市を達成した東北パイオニアは，NEC，シャープとの合併事業を展開し，さらに，2007年には，シャープとの資本・業務提携に踏み込んでいる。三洋電機は，2001年にコダックとの合弁会社（エスケイ・ディスプレイ）を設立し，2002年には大

図 2　主要企業における提携の軌跡（1999-2005）

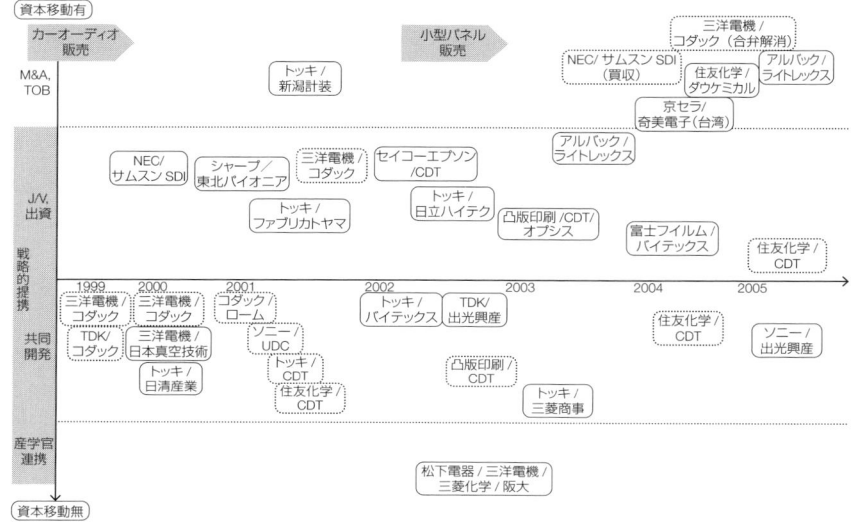

出所：抽出した新聞記事をもとに，筆者作成

図 3　主要企業における提携の軌跡（2006-2011）

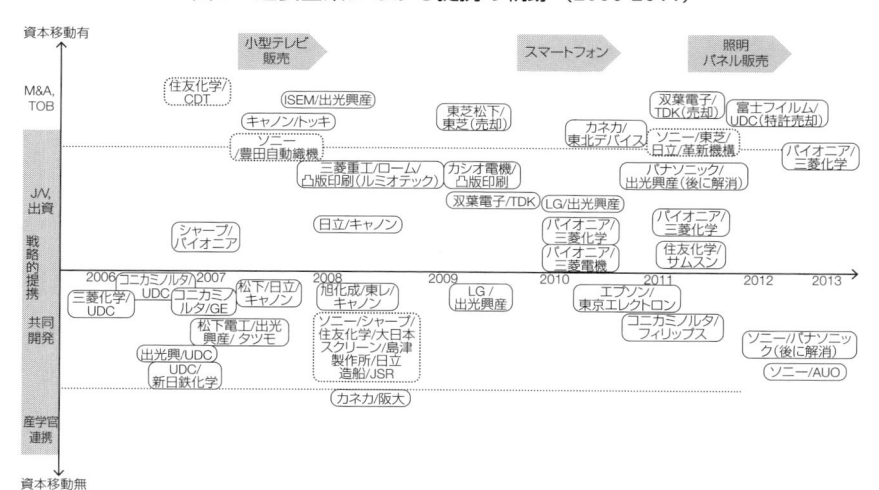

出所：抽出した新聞記事をもとに，筆者作成

阪大学・松下・三菱化学等と共同開発に取り組み，2003年に，デジタルカメラ用ディスプレイを販売した。しかし，その後，自社の経営悪化に伴い，2005年にはコダックとの合弁を解消した。なお2009年に，三洋電機はパナソニックに買収された。

2007年に11型の薄型テレビを上市するなど，有機EL技術に対する戦略的取り組みを明確にしていたソニーは，2006年に出光興産と共同開発を開始し，2007年には豊田自動織機との合弁会社を子会社化した。2008年には新エネルギー・産業技術総合開発機構の助成金による共同研究を実施した。2012年にはパナソニックとの提携を発表したが，2013年にはその交渉を解消している。NECは，2000年にサムスンSDIと合弁会社として，サムスンNECモバイルディスプレイ社を設立したが，2004年にディスプレイ事業が自社の非中核事業分野となったため，合弁会社を解消した。

次に，他産業に属する企業の活動をみてみれば，有機ELを用いた照明用パネルは部材の点数が少ないため，有機EL素材を開発する企業が，セットメーカーの製品開発力に依存することなく最終製品市場に参入することが可能になった。有機EL素材の開発に従事する化学・石油分野に所属する企業が，脱石油依存という企業戦略の観点から，積極的に有機EL分野における企業提携に取り組んでいる。

三菱化学は，2002年に三洋電機と共同開発を開始し，2006年にはUDC社と共同開発，2010年には王子製紙と共同開発を開始した。さらに，2010年に東北パイオニアに出資をおこない，2011年に同社と販売活動について有限責任事業組合（LLP）を設立し，2011年には照明パネルの製品販売を開始した。2013年にはパイオニアと合併会社，MCパイオニアOLEDライティングを設立した。住友化学は，有機EL技術の基本特許を保有するCDT社との提携を，2001年の特許ライセンスおよび技術導入によって開始し，その後，共同開発の範囲を拡大した。2005年には同社と合弁会社を設立し，2007年に同社を買収している。出光興産は，2005年にソニーとの共同開発契約を締結し，2006年にUDC社との共同開発，2007年に松下電工・

タツモとの共同開発等，多彩な相手と戦略的提携を展開している。加えて出光興産は，2007年には住友金属鉱山と合弁で設立した子会社を買収し，2011年にはLGグループがイーストマン・コダック社の有機EL特許を買収するために設立したGOT（Global OLED Technology）の株式32.73％を取得している。2013年には，ホームページで同社と有機EL材料開発（青色蛍光発光性化合物質）をおこなう意志のある研究者を募集し，オープンイノベーション形式で産学連携を組成するという方法が用いられている。

■企業提携の形態別特徴

次に，各年度に実施された企業提携の具体的内容を観察し，表1に示す。本研究が分析フレームワークとして使用した戦略的提携とは，契約提携と資本提携の一部，すなわち少数出資と合弁を含んでいるが，有機EL分野では特定事業および企業の買収・合併が実施されている。それらを，支配権の移動を伴う資本提携として分類した。提携数の全体的動向をみると，2001年に10件，2002年に10件となっており，2007年に12件，2009年に8件，2011年に9件となっている。この傾向は，先に示した製品の上市の時期と強い関連性をもち，製品開発の進展が，企業の提携活動を促進したことを示唆する。ただし，上市の始まった後2012年以降は，新規提携数は減少している。

次に，企業提携の提携についての時系列の変化を観察する。分析期間の間に実施された戦略的提携は77件であり，その内訳は，共同開発など契約による提携が53件，少数出資14件，合弁会社10件となっている。また，戦略的提携以外の提携は，事業売買が7件と企業買収・合併が10件とあわせて17件である。そのうち，基本技術を提携した外国企業との提携では，イーストマン・コダック社との提携が8件，CDT社との提携が7件，UDC社との提携が7件含まれる。

年度別に企業提携の内訳をみると，2001年度の戦略的提携は10件であるが，トッキによる企業提携が多い。2002年度に締結された10件は，トッキ，

表1 企業提携の形態別特徴

年	総合計	戦略的提携				支配権の移動を伴う資本提携		
		合計	契約 提携	資本提携（柔軟）		合計		
			共同 開発	少数 出資	合弁		事業 買収	合併・買収
1999	2	2	2	0	0	0	0	0
2000	4	3	2	0	1	1	0	1
2001	10	9	4	3	2	1	0	1
2002	10	10	7	2	1	0	0	0
2003	7	6	4	2	0	1	1	0
2004	4	2	2	0	0	2	2	0
2005	6	4	1	1	2	2	1	1
2006	3	3	3	0	0	0	0	0
2007	12	7	5	2	0	5	0	5
2008	6	6	5	0	1	0	0	0
2009	8	6	4	1	1	2	1	1
2010	7	6	4	2	0	1	0	1
2011	9	8	6	0	2	1	1	0
2012	4	3	3	0	0	1	1	0
2013	2	2	1	1	0	0	0	0
総合計	94	77	53	14	10	17	7	10

出所: 抽出した新聞記事をもとに，筆者作成

アルバック，凸版印刷などの製造装置会社の提携のほか，住友化学，出光興産など，のちに上市された製品に利用される技術を確立した企業が関係していた。この間，三洋電機とイーストマン・コダック社の企業提携が共同開発から合弁会社の設立へと移行し，有機EL市場の拡大が期待された。戦略的提携以外では，トッキが，ファブリカトヤマに対し事業の進展を加速する目的で，株式持ち合いを実施した[11]。

ところが，2003年以降，パッシブマトリクス型の需要が増加せず，それに代わるアクティブマトリクス型の研究開発が遅延した上に，液晶技術など競合技術を用いた小型ディスプレイの価格低下が加速したため，有機EL分野における市場創造が遅延する傾向が生まれた。この動向を反映して，2003年に実施された戦略的提携は6件に減少し，2004年から2006年までは，毎

年，2-4件と低水準で推移した。同じく，この期間には，有機EL事業に関する業界再編と位置づけられる事業買収や企業買収が起こっている。2004年には，NECとサムスンSDI社との合弁解消，2005年には住友化学とCDT社による合弁会社の設立，2005年にはアルバックがCDT社の子会社で製造装置を開発していたライトレックス社の株式50％を買収し，CDT社との共同経営から単独経営に移行した。

　2007年度には，戦略的提携は7件，戦略的提携以外の提携は5件と，提携数は上向きに転じた。この年には，ソニーが11型有機ELテレビを発売し，有機ELディスプレイの技術的特性が明らかになり，市場拡大への期待が拡大した。ソニーは，有機EL分野を経営の重要戦略と位置づけ，豊田自動織機と合弁会社として設立した2社[12]を経営統合し，新会社ソニーモバイルディスプレイを発足し，ソニーの完全子会社とした。また，住友化学は，CDT社との関係を，共同開発から合弁会社設立へと発展させてきたが，2007年には同社を2億8500万ドル（2007年7月31日現在，約339億円）で買収し，有機EL事業に関する戦略を強化した。出光興産は，主に液晶および有機EL画面に用いる電極材料メーカーであるISエレクトロード・マテリアルズ（ISEM）の住友鉱山保有分49％を買収した。

　その反面，2007年の後半に向けて，液晶テレビ分野での競争激化が表面化し，また，大型画面の開発や塗布技術の確立など，有機ELが競争優位をもつために必要な技術開発が遅延したことを受け，有機EL分野への戦略を見直す企業が現れた。たとえば，日立製作所は日立ディスプレイズの持ち株を松下電器産業およびキヤノンに24.9％ずつ譲渡したが，これは有機ELを含むディスプレイ事業に関する日立製作所の経営戦略の変更を受け，有機EL分野への参入を拡大する意向をもつ松下電器産業およびキヤノンとの意向が合致した結果である。また，トッキは，東北パイオニアなどに真空蒸着製造装置を納入したことを契機に，有機EL分野の製造装置事業を拡大しようとしていたが，2006年ごろよりアクティブマトリクス型への移行が見込まれるようになり，20億円程度となる高額な真空蒸着製造装置を導入する

企業が減少したことが原因となり業績が悪化していたところ，キヤノンによって買収された。

　2009年の提携件数は8件，2010年は7件，2011年は9件となった。この時期には，スマートフォン市場の拡大という経営環境の変化がある。2009年にサムスンモバイルディスプレイ社が有機ELディスプレイの増産体制を整え[13]，2010年には，サムスン製のギャラクシーSがNTTドコモから販売された。また，同年には，ソニーが放送用モニター，医療パネルを出荷し，三菱電機が有機EL大型映像ディスプレイを販売し，三菱重工を筆頭株主とするルミオテックが照明パネルの販売を開始した。2011年には，東北デバイスの経営状態が悪化し，事業再生に取り組んでいたが，カネカが2010年に同社を買収し，2011年に5色の照明用パネルを販売した。2011年にはパイオニアに出資し，業務提携を実施した三菱化学が照明パネルを量産した。パイオニアと三菱化学は2013年に合併会社を設立した。

第3節　企業提携と市場創造：一般的傾向

　企業提携と市場創造の関係に関し，その考察を深めるために，有機EL市場における製品の上市に対して企業提携がどのように関係していたか，製品上市をした企業ごとにその詳細を以下に示す。なお，素材企業の売上は最終製品の売上に連動して発生するが，一般には，素材企業の出荷額を統計的に把握することは難しいため，本研究においては，分析対象を最終製品としてのディスプレイと照明パネル分野における製品上市に限定した[14]。

（1）　東北パイオニア［カーオーディオ］

　東北パイオニアは，1996年以降，カーエレクトロニクスを主要事業の1つとし，有機EL技術を用いた製品開発に積極的に取り組んだ。その結果，1997年に世界初となる車載用緑色有機ELパッシブマトリクス型FM文字多重レシーバーの販売を開始した。これは1988年以降，九州大学の齋藤省

表2　主要な上市事例に関する企業提携の軌跡

企業名	製品販売	製品名	2002年前後	2007年前後	2009年以降
東北パイオニア	1997 2002	カーオーディオ 携帯電話ディスプレイ	シャープ・半導体エネルギー研究所と合弁会社（エルディス）（2001） コダックと共同開発（2002） 日立と住友化学との共同研究（2002）	エルディスの解散（2005） シャープとの資本・業務提携（2007）	三菱電機／三菱化学の出資（2010） 三菱化学と有機EL部門の営業・マーケティング統括の合同会社設立（2011），同社合併会社設立
三洋電機	2003	デジタルカメラ用ディスプレイ	イーストマン・コダック社と共同開発（1999） イーストマン・コダック社および日本真空技術と提携（2000） イーストマン・コダック社と合弁会社（2001） 三菱化学と共同開発（2002）	イーストマン・コダック社と合弁解消（2006）	パナソニックが三洋電機を子会社化（2009）
ソニー	2007	11型テレビ	UDC社と共同開発（2001）	出光興産と共同開発（2005） 豊田自動織機との共同出資会社を完全子会社化（2007）	NEDOの共同研究（2010） 東芝・日立との合併新会社（2011） パナソニックと提携（2012；2013年に解消）
ルミオテック	2010	照明パネル	ロームはコダックと提携（2001） 凸版印刷はCDT社およびオプシス社と提携（2002）	三菱重工／ローム／凸版印刷／三井物産／城戸淳二によるルミオテック創業（2008）	
三菱化学	2010	照明パネル（色彩型）	三洋電機（2002）	UDC社との提携（2006）	パイオニアへ出資（2010） 合同会社の設立（2011），合併会社の設立（2013）
三菱電機	2010	155型ディスプレイ			パイオニアへ出資（2010）
カネカ	2011	照明パネル	伊藤忠商事が東北デバイスへ出資（2005）	東北デバイス買収（2008）	
パナソニック出光	2011	照明パネル	松下電器産業は大阪大学と共同開発（2002）	松下電器産業が日立ディスプレイズへ出資（2007）	パナソニックによる三洋電機の子会社化（2009） パナソニック・住友化学の共同開発（2009） パナソニック・出光興産の合弁設立（2011, 2014に解消） ソニーと提携（2012，2013に解消）
コニカミノルタ	2011	照明パネル		UDC社と共同開発（2006） GEと共同開発（2007）	GEとの提携を解消しフィリップスと提携（2011）

出所：抽出した新聞記事をもとに，筆者作成

吾研究室に派遣された研究者と，プロセス技術を開発した東北パイオニアの生産技術者によって推進された共同研究の成果である（坂本，2005）。2002年には，携帯電話用のディスプレイが開発され，その後，市場拡大のために，アクティブマトリクス型駆動技術の高度化が必要と判断し[15]，シャープと半導体エネルギー研究所と共に合弁会社エルディスを設立し，アクティブマトリクス型有機 EL ディスプレイ用 TFT 基板の製造・販売に取り組んだ。

しかし，2005年には，ホームエレクトロニクス分野の競争激化により，製品の価格が著しく低下したため，パイオニアグループは経営改革を実施し，エルディスの解散とアクティブマトリクス型製品事業からの撤退を決定した。2007年に，パイオニアの組織再編の一環として，公開買い付けで東北パイオニアをパイオニアの 100％子会社とし，東京証券取引所第二部の上場を廃止した。同年，パイオニアは，シャープを引受先とする第三者割当増資を実施し，シャープはパイオニアの株式 14％を保有して筆頭株主となり，両者は，次世代カーエレクトロニクスおよびディスプレイ事業について，資本・業務提携を締結している。2011年に販売活動について，三菱化学と LLP を設立し，2013年に合併会社 MC パイオニア OLED ライティングを設立した。

(2) 三洋電機［携帯ディスプレイ］

パッシブマトリクス型有機 EL に係る基本特許を保有していたイーストマン・コダック社は，端末や自動車用の画像表示装置のためのディスプレイ装置を開発するために，三洋電機のアクティブマトリクス型の技術が必要と判断し，1999年に同社と提携した。2000年は，以上の 2 社は日本真空技術と提携して，ディスプレイの製造技術の開発を目指した。

さらに，2001年に，三洋電機とイーストマン・コダック社は，株式会社エスケイ・ディスプレイ（三洋電機 66％，イーストマン・コダック社 34％）を設立した。合弁会社設立後，三洋電機は有機 EL 事業に対する取り組みを強化し，子会社である鳥取三洋電機に，次世代のデバイス製造工場設立のた

めに大型投資を実施した。2003年には，エスケイ・ディスプレイは，2.16インチのデジタルカメラ用のアクティブマトリクス型フルカラー有機ELディスプレイを製造し，欧州，アジア，オーストラリア市場で販売した。しかしその後，三洋電機は業績悪化に陥り，2006年には，三洋電機の財務状況が悪化したこと，また有機EL分野の競争環境の激化を理由に，エスケイ・ディスプレイは合弁を解消し，イーストマン・コダック社は株式持ち分を三洋電機に譲渡した。三洋電機は2009年にパナソニックに買収された。

(3) ソニー［11型有機ELテレビ，放送用モニター，医療用パネル］

ソニーは，2001年よりUDC社と共同開発を開始し，燐光発光材料を用いた発光効率と発光寿命を長時間化する研究をおこなった。さらに，2005年には出光興産と共同開発契約を結び，出光興産の発光材料・電極材料と組み合わせてアクティブマトリクス型有機ELディスプレイの開発を始めた。以上の研究開発の成果を活かし，2007年末には，数百nmの薄膜とガラス板で構成されている，厚さ3mmの11型テレビ（XEL-1）の販売を開始した。ソニーは，その後，2010年に業務用ハイエンドの有機ELディスプレイを開発し，2011年に25型医療用モニターとして販売を開始した。2011年には小型ディスプレイに関して，ジャパンディスプレイに参画した。2012年には大型化のため酸化物TFTに着目した研究開発に関して，パナソニックとの共同開発の提携をしたが，2013年には提携を解消した。

(4) ルミオテック［照明パネル］

ルミオテックは，2008年に三菱重工，ローム，凸版印刷，三井物産，城戸淳二の共同出資によって山形県に設立された。2010年より試作品の販売を開始し，2011年に照明パネル製品（125 mm×125 mm, 2700/2800 cd/m^2, 2800/4900K, 10lm/W）を販売した。同社は山形県産業技術振興機構が設置したクリーンルームで，真空蒸着装置，低分子蛍光材料を用いて生産している[16]。

(5) 三菱化学［照明パネル］

三菱化学は，2002年には三洋電機と共同研究を開始し，2006年にはUDC社との共同開発を開始した。2010年には王子製紙と有機ELの基盤材料として適用するため，厚さ数nmの繊維と樹脂を組み合わせた複合材の共同開発を開始した。2010年に東北パイオニアに出資をおこない，2011年に同社と販売活動について有限責任事業組合（LLP）を設立し，東北パイオニアの経営資源を活用して，2011年に自ら照明パネル（140mm×140mm, 1000 cd/m^2, 3000K（可変），28lm/W）を製造・販売した。2013年には，販売活動に関し，パイオニアと合併会社MCパイオニアOLEDを設立した。

(6) 三菱電機［大型映像ディスプレイ］

三菱電機は，自社技術によって，大型有機ELディスプレイ「オーロラビジョンOLED」を上市しており，その製品は，野球場などの屋外施設に設置する大型スクリーンとして用いられている。同社は，2010年に，東北パイオニアの有機EL事業に関する提携と出資を実施した。

(7) カネカ［有機EL照明パネル］

カネカは，2001年にUDC社と共同開発を開始した。東北デバイスが2010年に民事再生法の適用を受け，同社の事業再生のためカネカは買収した。2005年に行政機関，民間ファンドおよび伊藤忠から出資を受けて設立された東北デバイスの経営資源を活用して，白・赤・橙・青・緑の5色に光る有機EL照明デバイスを開発し，2011年に製品上市している（50mm×50mmおよび80mm×80mm, 2500/ 3000K, 20lm/W）[17, 18]。

(8) パナソニック［照明パネル］

パナソニックは，2002年に大阪大学・三洋電機・三菱化学と共同開発を開始し，2007年に，日立ディスプレイズの株式24.9%（432億円）を取得し，日立ディスプレイズの子会社であるIPSアルファテクノロジ（日立製

作所・東芝・松下の合弁会社）への影響力を強めた。松下電工は，2007-2010年には，独立行政法人新エネルギー・産業技術総合開発機構の支援を受け，有機 EL に関して，出光興産とタツモと共同研究を実施した[19]。2011年には，出光興産と合弁会社「パナソニック出光 OLED 照明」を設立し，パナソニックエコソリューションズ社内にパイロットラインを設置し，2011年9月に有機 EL 照明パネルを販売した（80mm×80mm, 3000cd/m^2, 3000K, 30lm/W）但し，市場拡大が見込めず 2014年3月に合併を解消した。2012年にソニーと提携したが，2013年に解消している。

(9)　コニカミノルタ［照明パネル］

コニカミノルタは，2006年に白色有機 EL の開発のため，UDC 社の赤色と緑色の燐光発光材料を活用する共同開発契約を結んだ。2007年にはコニカミノルタは GE の商品デザインと販売網を活用し，GE は量産化技術確立ため，コニカミノルタのロール方式を活用するための共同開発契約を結んだ。2010年には，塗布型ロール・ツー・ロールのパイロットラインを完成し，2011年にフィリップスにサンプルパネルの生産委託を開始し，照明パネルの上市を開始した（74mm×74mm, 1000cd/m^2, 2800K, 45lm/W）。2014年3月に，有機 EL フレキシブル照明パネルの生産工場の建設を発表した。

第4節　市場創造に対する企業提携の貢献

さて，これらの企業は，有機 EL 分野に参入した企業は，企業提携をどのように利用して，製品の上市を実現したのであろうか。製品上市に向けて積極的に取り組んできた企業を中心に，企業提携の実態を観察し，企業提携と製品上市の関係に関して考察しよう。

先ず，上市を目指す企業が，産業形成の初期という不確実性が高い段階においても，買収・合併を含む資本関係に踏みこむなどの関係性を指向する事例がみられた。このような企業は，競合する液晶技術との差別化を実現する

ためにディスプレイ市場の特定セグメント（中小型もしくは大型）に特化する戦略を展開し，その戦略の実効性を確保するために経営支配権の移動を伴う一連の資本提携およびその調整を展開した。

　さらに，2000年代には，化学・石油産業に属する企業が，照明パネル市場の創造のために複数の資本提携を締結した。三菱化学は，2002年には三洋電機と，2006年にはUDC社と企業提携を締結して研究開発を進めてきた。そして，2011年には東北パイオニアの有機EL事業に出資し，照明パネルにおける製品上市を実現した。製品上市の実績がある東北パイオニアの経営資源を補完的に調達したことが，同社の照明パネルの上市に寄与したと考えられる。住友化学は，多数の企業に有機EL技術のライセンスを提供した実績をもつCDT社との戦略的提携を発展させ合弁会社を設立し，2007年には同社を買収している。同じく，出光興産は，2000年代中期に多数の企業と共同開発を実施し，2011年にはLGグループがイーストマン・コダック社の有機EL特許を買収するために設立したGOT（Global OLED Technology）社に出資し，加えて，パナソニックと合弁会社（パナソニック出光OLED照明）を設立した。

　市場創造への効果という視点からみれば，有機ELの事業化を目指した企業が，経営環境の悪化によって事業の継続を断念する際，その企業の有機ELに関する技術および事業に対する資本取引により，企業の境界によって分散していた知的資産・経営資源が特定企業に集約され，それによって市場創造が推進される傾向が認められる[20]。例えば，東北デバイスは，山形大学の技術および山形県等による財務的支援を受け，有機EL材料開発を実施したが，製品開発に至らず倒産する。しかし，カネカはその東北デバイスを買収し，同社の経営資源と自社で開発済みの無機EL技術，そして，太陽電池の開発で獲得した大型真空薄膜プロセス技術などの経営資源を組み合わせて，有機EL照明パネルを開発した。

　本節の観察結果をみると，不確実性が高い産業形成の初期段階においても，企業の経営者は，その経営戦略の観点から，企業や特定事業の買収・合

併などに踏み込むことも含めた決断をすることがわかる。その決断には，経営者の当該企業の経営革新を実現するための意思が認められる。とりわけ，既存産業への依存からの脱却を目指す石油・化学業界に属する企業において経営者の意志は顕著である。以上の観察から，有機 EL における産業形成を目指す企業経営者の経営マインドは，資源ベース理論から説明される戦略的提携における経営資源の補完の観点に加え，ダイナミック・ケイパビリティ理論が重視する買収・合併を含めた企業の経営革新を実行していることを示唆し，これらの企業提携から一連の市場創造が生まれる可能性を示す。

第5節　企業提携の変容と市場創造

　本章では，有機 EL 分野に携わる日本企業の企業提携を事例分析し，同分野における市場創造に与える影響に関して，第 2 章で示した分析フレームワーク，とりわけ企業提携の各構成要素とその関係に着目して考察した。

　第一に，本研究が対象とする有機 EL 分野においては，その企業提携のパターンが，従来，日本企業一般に観察されてきた提携パターンと比較して変容していることが判明した。すなわち，従来，日本企業はセットメーカーが限られた部品 / 素材メーカーと長期的取引関係を構築し，情報共有とそれによる組織学習によって，必要とされる技術をはじめ一連の経営資源が組織を超えて補完され，それによって最終製品市場に関与する産業と，それを支える部品 / 素材産業の両者が相補的に発展してきた。一方，有機 EL 分野における市場創造に関して，日本企業は，経営戦略に応じて企業間に買収・合併を含む資本提携を構築するなど，多様な形態の企業提携を幅広く展開している。

　関連していえば，有機 EL 分野において，日本企業は，産業形成の初期段階から，従来からの国内企業との提携に加え，グローバルな視点に立ってさまざまな外国企業と緊密な提携を展開している。たとえば，有機 EL に参入した日本の素材企業には，有機 EL ディスプレイの製品化に本腰を入れて同分野で先行する韓国企業と技術提携し，さらにその関係は事業への出資等，

資本提携にも及んだものもある。

　第二に，本章で紹介した観察からは，従来，経営学が着目してきた戦略的提携に加え，企業や特定事業の戦略的買収・合併が製品の上市に貢献する可能性が示唆される。戦略的提携は，他社の経営資源との補完により企業の市場創造が推進されるとする資源ベース理論による解釈が可能である。一方，有機 EL のように，数多くの技術基盤を複雑に組み合わせて製品化する事業分野においては，戦略的提携のみに注力する経営戦略は，事業化に必要な経営資源を確保するだけに留まる危険性があり，企業は，保有する技術と経営資源を活用して事業化を進めるために，一元的なガバナンス構造が必要になる。この観点からは，企業経営者による，一般的には経営リスクが高い買収・合併を含む資本提携の選択が積極的に評価されることになる。

　以上の示唆は，経営者の革新能力を重視するダイナミック・ケイパビリティ理論に沿ったものであり，同理論の視点からは，重要特許など価値のある経営資源を有する企業がその事業化を断念した際には，その経営資源は，それに対する投資を決断できる経営者によって活用されることになる。

注
1　カンデラ（cd）とは，光度の単位である。
2　2002 年の有機 EL モジュール（複合部品）の市場規模は 76 億 5000 万円であり，そのうち携帯型は 73％，カーステレオ 18％で，メーカー別シェアでは，東北パイオニアが 91％を占めた（富士キメラ総研, 2004）。
3　ピーク輝度とは，100％レベルの映像信号に対するディスプレイの画像輝度である。
4　lm/W（ルーメン毎ワット）とは発光効率を示す単位である。
5　2014 年 3 月 14 日有機 EL 異業種交流会におけるショートプレゼンテーションで，パナソニックは 130lm/W を達成したことを報告している。
6　演色性とは，自然光に対する色の見え方を数値で表したものである。
7　ディスプレイ画面において，光の 3 原色である赤（R），緑（G），青（B）を組み合わせで色を表現することを意味する。
8　パッシブマトリクス型とは，シンプルなマトリクス構造の駆動方式で，アクティブマトリクス型に比べて製造コストに優位性がある。
9　従来は，塗布型の製造プロセスには高分子材料を使用すると考えられてきたが，最近では低分子材料での塗布技術の開発も進んでいる。
10　日経テレコンは，株式会社日本経済新聞デジタルメディアが運営する，新聞・

雑誌記事から国内外の企業データベースなどについての総合データベースである。日経金融新聞については，データの収録期間が1987年10月1日〜2008年1月31日迄である。
11 有機EL装置の製造における組み立てなどの最終工程を委託し，量産化を加速する目的で2011年8月にトッキがファブリカトヤマの発行株式5.69％を引き受け（同年11月には株式を買い増して5.7％を保有），ファブリカトヤマがトッキの発行株式の0.25％を引き受けた（同様に，同年11月には0.3％保有）。
12 エスティ・エルシーディ（STLCD）とエスティ・モバイルディスプレイ（STMD）の2社である。
13 サムスンモバイルディスプレイ社の前身であるサムスンSDI社は，2008年に月産200万枚から900万枚への増産を発表した。富士キメラ総研 (2010a, 2010b) によれば，サムスンモバイルディスプレイ社は，2009年の有機EL市場の93％となる460億円を記録した。
14 製品の販売額・販売量については情報の完備性を確認できないため，市場規模等についての議論が不可能であることを付記しておく。また，部材の出荷は把握が不可能であり，製品の性能を決定づける部材開発に従事した企業の寄与を把握することが困難であるため議論の対象としない。ただし，部材市場は出荷額が小さく，モジュールを含めた最終製品を出荷した主要な企業の製品を議論することで（たとえば，筒井他，2012），新しい市場を創造した企業の動向を把握するには十分である。
15 アクティブマトリクス型では，画面のレスポンス時間が短く，解像度が高いが，技術開発の難易度が高い。TFT基盤を用いて画素を独立して発光させるため，パッシブマトリクス型に比べて高精細な画面に適しているが，製造装置に400－500億円規模の投資が必要となる（坂本，2005）。
16 ロームは，それまで有機EL照明を開発していたアイメスの同技術に関する技術者，知的財産，生産設備などを2007年12月に買収した。
17 輝度については，同社のホームページでの公表がない。
18 新聞記事には発表されていないが，カネカは2009年にアイテス（滋賀県野洲市，日本アイ・ビー・エム野洲事業所の品質保証部門を母体にして1993年に設立）から有機EL事業を買収した。
19 出光興産は材料開発，タツモは薄膜塗布形成プロセス，パナソニックはデバイス，プロセス技術の開発に携わった。
20 事業あるいは企業が買収された時点においては，事業を売却または譲渡した企業には，経営に負の影響が発生すると評価されるが，それまでに取得した特許や事業を売却し費用を回収するか，あるいは蓄積された研究成果をほかの事業に転用することも可能であり，投じた資金の全てが経費の流出となったとは限らない。

第5章

企業提携と産業形成のダイナミクス

　一般的に，特定の市場創造の連鎖が1つの産業を形成し，長期的な成長をもたらすが，有機EL分野においては，その段階に至っていない。第4章で見い出した企業提携の変容は，関連する産業分野にどのような影響を与えているのか，また，先駆的に市場創造に取り組んできた企業は，どのように産業形成を牽引するのだろうか。ここでは，第2章の分析フレームワークで示した企業提携の構造と機能に着目し，産業形成に向けてもたらすダイナミクスについて考察する。

第1節　産業形成に関するイノベーションモデル

　先ず，液晶産業および有機ELにおける産業形成のプロセスを，AbernathyとUtterbackが提唱した産業発展とイノベーションの関係に関するA-Uモデル（Utterback and Abernathy, 1975; Abernathy and Utterback, 1978）によってみてみよう。A-Uモデルによれば，産業形成の初期段階においては，プロダクトイノベーションがプロセスイノベーションを上回って多発するが，支配的なドミナント・デザインと呼ばれる標準製品が市場に定着すると，プロセスイノベーションの発生例がプロダクトイノベーションを上回る移行段階となり，さらに産業が発展し成熟段階を迎えると，コスト削減が競争の焦点となる特化段階となる。

　企業がどのような組織形態を利用してそれぞれの段階に対応するかという課題に対して，同モデルは，流動段階では組織における非公式かつ企業家的活動，移行段階においては企業間の提携関係を利用したプロジェクトあるい

はタスクグループ活動，そして，特化段階においては大規模な企業組織形態が選択されると分析する。過去からの日本の産業形成を振り返れば，液晶産業の産業形成プロセスが A-U モデルに従ったものであると考えることができるが，有機 EL の市場創造のプロセスは，より複雑な経緯となった。以下に，2つの技術分野における産業形成の経緯を辿り，両者の違いを比較する。

■ 液晶分野における産業形成の特徴

　液晶産業において，日本企業が，欧米より産業基盤の形成を早く進められた要因として，化学分野と技術の双方の知識をもつ研究者の存在が指摘される。このような研究者を，沼上（1999）はバイリンガルと呼び，鳥山（2011）は研究技術者と呼んだ。液晶産業では，産業化に必要な要素技術や部材など必要な経営資源は，最終製品を販売する企業を頂点とする垂直統合によって調達され，製品が開発された。実装製品としては，1964 年にシャープが世界発となる液晶電卓を開発したことに始まる。1973 年にセイコーエプソンはデジタル・ウォッチを開発し，1976 年には，日立製作所が電卓用 LCD の大量生産設備を備えた。

　町田（2008）は，シャープの液晶事業の取り組みについて，次のように述べた。シャープでは，1977 年頃より各事業部から技術者を集めて匿名プロジェクト部隊を結成し，低消費電力・小型高性能という液晶電卓の基本設計思想を固めた。その結果，「エルシーメイト」という液晶電卓の開発に成功した。この社内での協業体制が，事業発展のための組織体制の基幹的役割を担っていく。その後，三重県亀山市に部品企業と地理的に接近した製造拠点を建設し，大量生産の体制を整えた。液晶パネルをテレビに組み込んだ液晶テレビの開発は，液晶パネルを生産する部署とテレビを生産する部署の連携，すなわち「デバイスと商品の垂直統合」（町田, 2008）によって実現された。液晶電卓の開発には，多くのエレクトロニクス企業が参入したが，市場との競争が激化し，1970 年代後半にカシオ計算機・シャープの 2 社に淘汰された。このときの日本企業の競争は，電卓戦争と呼ばれている。

1982年にはセイコーエプソンから小型テレビが開発され，さらに液晶の量産化技術の確立に成功したRCAと日立製作所が先導し，産業用電子機器・情報家電が開発・販売された。1990年代にはワープロおよびパソコン市場が拡大した。2005年にシャープが21型テレビを発売した頃から液晶テレビの市場が拡大し，2006年度の液晶テレビの販売量は3711万台，前年比188.7％増であった（電子情報技術産業協会，2007）。その後，携帯電話・PDAおよびスマートフォンなどのモバイルディスプレイ市場が拡大し，用途に応じて異なる画面サイズの液晶パネルが製造され，市場が多様化した。

　2002年以降に第5世代の製造装置の生産が急増し，その時期に韓国・台湾企業が積極的に製造装置に投資をしたため，競争が激化した。中田（2007）は，この過程で日本企業が競争力を低下させた理由を，次のように述べる。日本の液晶製造技術は，カスタマイズされた製造装置に埋め込まれ，その製造装置を購入した海外企業は，装置と同時に液晶製造技術を入手した。中田によれば，大画面を効率よく歩留り低下を招かないようにエッチングするには，ガス供給方法や基板温度を均一に保つ必要があるほかに，配管などに堆積物がたまらないように加熱ヒーターを設置するなどのノウハウが必要となるが，それらのノウハウは製造装置に化体されていたという。実際，このころ国内製造装置を開発していた企業が韓国・台湾企業に製造装置を販売したことも，この競争激化を招いたとされる。これらの企業は，セットメーカーによる垂直的制限を受けないため[1]，または制約を受けることを避けることが可能であったためである。

　新宅（2006）は，2000年代後半に，日本のエレクトロニクス産業の競争力が低下した理由として，エレクトロニクス産業において，業界構造が垂直統合型から分業・水平展開への移行が進んだことを指摘した。また，小川（2006）は，家電産業で日本企業は垂直統合型で成功したが，同じ垂直統合型の組織能力をもつ米国IBMにVTMおよびDVDで競争優位を失った事例をあげ，エレクトロニクス産業においては，製品を構成する機能別に分業が進み，セットメーカーが設計・製造する産業構造に変化したと述べた。

液晶テレビの競争激化は，その後，家電産業の業界再編を引き起こした。たとえば，2011年9月に，東芝・ソニーおよび日立製作所は，産業革新機構から出資を受けて，中小型液晶ディスプレイの製造に関する合弁会社であるジャパンディスプレイ株式会社を設立した。

■ 有機EL分野における産業形成の特徴

　一方，有機ELの産業形成プロセスは，先行事例としての液晶産業と比べてより複雑である。先ず，日本において基礎技術が開発されたという特徴がある。イーストマン・コダック社のTangらの基礎発明とほぼ同時期に九州大学の安達らの研究グループが3層構造の有機EL素子を開発し，九州大学に研究者を派遣したパイオニアから，世界初の製品であるカーオーディオが発売された。また，第4章で述べたとおり，製品の上市の時期に新規の提携が締結されたり，既存の提携関係を見直す動きが出たことが明らかになっている。カーオーディオ（1997年），携帯電話に搭載された小型パネル（2002年），薄型テレビ（2007年），スマートフォン対応のパネル（2010年），そして，2011年には，照明分野において製品上市が開始された。より複雑度の高い技術を用いた製品が市場に現れると，有機EL市場創造への期待が高まり，それを契機として，企業提携活動が活発化する傾向がみえた。

　その背景には，次のような事情がある。産業形成の初期段階において，有機EL分野に参入する企業は，同時に競合する液晶技術との競争のために製造コスト削減に対応しなければならなくなった。また，有機EL分野の産業形成はいまだ流動的な段階にあり，企業は市場創造の取り組みにおいて製品とプロセスの技術革新の双方に同時に取り組む必要がある。

　液晶産業において，製造装置などに化体されたノウハウや暗黙知を介して技術が流出したことにより競争力の劣化をもたらしたという経験は，有機EL産業の産業形成に影響を与えた。現実的には，韓国・台湾企業との価格競争に直面すると，生産の効率化によりコスト構造で有意に立つことは困難である。日本企業には，そのような事態によって競争力を低下させないため

に，液晶産業とは異なる企業戦略を模索する必要があった。2012年以降は，台湾企業との提携に踏み込んだ企業もあった。

　有機EL分野における産業形成のプロセスが複雑になったほかの理由として，有機ELの素子構造は液晶に比べて部材の数が1/3程度で少なく，エレクトロニクス企業ではない化学・石油産業に属する企業で，デバイスやディスプレイを製造することが可能となったことがある。これは，日本国内でエレクトロニクス企業を中心とする垂直統合による産業基盤の形成が，競争優位性を築くための必要十分条件ではないという環境を築いた。

■ダイナミック・ケイパビリティからみたA-Uモデル

　ところで，A-Uモデルを参照して明らかになった液晶・有機EL技術分野における市場・産業形成の差異は，Teece（1997, 2007, 2009）の提唱するダイナミック・ケイパビリティの概念を用いれば，どのように解釈されるだろうか。Teece（2009）は，A-Uモデルが示す産業変化のパラダイムは，技術や市場の進化における変曲点であると述べ，それは，シュンペーターの言う「創造的破壊」，すなわち技術の断続的な革新が起こり，それによって産業が不連続に形成されることを象徴していると述べた（シュムペーター, 1942）。液晶技術も，有機EL技術も，基礎技術の実用化に向けて，さまざまな技術的課題を解決する応用技術の発展を必要とし，非連続に起こるそれらの技術革新によって，実用化の確度を高めてきた。

　液晶ディスプレイに関して言えば，安価な製品を大量に生産できる製造装置が韓国・台湾の競合企業に渡り，国際競争の激化を招いたという点で，A-Uモデルが示すイノベーション・ライフサイクルの概念を用いて説明することには有効性がある。一方，有機ELに関して言えば，先に述べたプロダクトイノベーションとプロセスイノベーションが同時におこるという特徴に加え，組織形態の観点において，A-Uモデルの示す概念はそのまま適応することには無理が生じる。有機EL分野では，ドミナント・デザインとなりうる製品が複数出現し，またはドミナント・デザインが多様化する可能性

もある。

　少なくとも現時点においては，ドミナント・デザインの候補が現れても定着しない市場環境にあり，Teeceが指摘するように，企業経営者は市場の変化を捉え，あらゆる局面において，市場創造の機会を感知し，獲得し，さらに再形成するというプロセスに対処する必要がある。現に，市場機会の把握という観点から鑑みれば，小型ディスプレイの普及の後，大型ディスプレイへの移行が長引いた。一方，医療用ディスプレイ，映像業務用ディスプレイなどの用途開発が模索され，また，スマートフォン・タッチパネル市場の立ちあがりにあわせた製品が開発されてきたという経緯がある。今後は，フレキシブルディスプレイへの応用が期待されるが，どのようなドミナント・デザインとなるかについて確実な情報はない。

　ダイナミック・ケイパビリティ理論では，外部環境の変化に応じて，内部資源を開発・維持・更新する必要性を説いているが，それは，企業と市場がともに進化する局面（Teece, 2007）である。産業全体からみて，企業提携の形態が画一的ではなく，組織構造，提携構造の設計および調整が，戦略構築の一部であると考えられる。その点において，A-Uモデルの示す概念より複雑な競争環境にあるといえよう。製品の流動的な段階においても，A-Uモデルが示すところとは異なるさまざまな提携形態が活用されていることに，留意するべきである。

第2節　企業提携の業界別特徴

　ここまで，A-Uモデルにおける流動的段階，移行的段階，固定的段階における組織形態と，有機EL分野における実態とが異なると述べたが，次に第4章で抽出した有機EL分野の企業提携を，分析対象となる企業が所属する業界（産業）別に観察し，その特徴を明らかにしてみよう。

　先ず，有機EL分野に携わる企業を，証券コード業協会が指定する業種コード[2]に基づき，化学・石油分野に分類される企業【業種コード3100,

3200】と，機械・電気機器・精密機器・その他製品分野に分類される企業【業種コード 3600, 3650, 3700, 3800】に大別する[3]。後者については，製造装置に携わる企業と最終製品を開発・販売する企業とに分けて，それぞれの分野の企業提携の提携件数を表に示した。なお，機械・電気機器に分類される企業で開発・販売される最終製品は，ディスプレイと照明パネルであるが，これまで，照明器具の製造・販売を寡占的に手掛けてきた5社（パナソニック・東芝・三菱電機・日立製作所・NEC）は，全て携帯電話，テレビ等のディスプレイを手掛けてきたことから，ここでは便宜的にディスプレイ分野の企業とした。

提携を企業が属する業種に着目して表3を時系列的に観察すると，2002

表3　企業提携の業界別特徴

年	総計	異業計	異業種内訳					同業合計	同業種内訳		
			化・石/装置	装置/display	化・石/display	その他（商社等）	化・石/装置/display		化・石	装置	display
1999	2	2	0	0	2	0	0	0	0	0	0
2000	4	3	0	0	0	2	1	1	0	0	1
2001	10	6	1	0	3	1	1	4	1	3	0
2002	10	8	2	0	4	2	0	2	0	2	0
2003	7	1	0	0	0	1	0	6	0	6	0
2004	4	0	0	0	0	0	0	4	1	1	2
2005	6	2	0	0	0	0	2	4	2	2	0
2006	3	1	0	0	0	1	0	2	2	0	0
2007	12	3	0	1	1	1	0	9	5	0	4
2008	6	4	1	0	0	1	2	2	0	0	2
2009	8	4	0	1	3	0	0	4	1	0	3
2010	7	4	0	0	4	0	0	3	1	1	1
2011	9	4	0	0	3	0	1	5	1	1	3
2012	4	1	0	0	1	0	0	3	1	0	2
2013	2	2	0	0	2	0	0	0	0	0	0
総計	94	45	4	2	25	9	5	49	15	16	18

注）化・石＝化学・石油分野（証券取引所の指定業種コード 3100, 3200），装置＝機械・電気機器等（同じく業種コード 3600, 3650, 3700, 3800），display: 機械・電気機器等の証券コード（業種コードは装置企業に同じ）で，ディスプレイ等の最終製品の製造・販売に携わる企業（照明器具の製造企業を含む）。例えば，化・石／装置とは，化学・石油に属する企業と製造装置を開発する企業の提携を指す。
出所：抽出した新聞記事をもとに，筆者作成

年には 10 件の企業提携のうち，異業種同士の提携が 8 件あり，そのうち 4 件は化学・石油分野と製造装置分野の企業提携である。たとえば，トッキは米国のバイテックス・システムズ社と提携し，アルバックは，CDT 社の子会社で製造装置開発に携わるライトレックス社と提携した。また，凸版印刷は，CDT 社およびその子会社のオプトレックスと有機 EL 素子開発について提携を実施した。その他に，東北パイオニア・日立製作所・住友化学の共同研究，出光興産と TDK の特許相互利用契約などがある。2003 年から 2006 年には，市場創造への期待が不確実なことから，提携件数が減少したが，2003 年に製造装置企業間の提携が 6 件ある以外，業種別分類に特徴的な動きはみられない。

　2007 年には，異業種の提携が 3 件，同業種の提携が 9 件発生した。その中では，化学・石油産業の企業間での提携が 5 件，機械・電子機器等（最終製品）の企業間での提携が 4 件となっていた。化学・石油産業間の提携では，住友化学の CDT 社買収，出光興産の ISEM 買収，UDC 社と新日鐵化学との提携，同じく UDC 社と昭和電工との提携があり，ディスプレイ分野の提携では，シャープと東北パイオニア，ソニーの豊田自動織機との合弁会社 2 社の買収，日立ディスプレイズに関する日立製作所保有の株式を松下電器産業およびキヤノンに売却した案件がある。2009 年には，異業種の企業間の提携，および同業種の企業間の提携とも各々 4 件で，両者に差がない。同業種間の提携の象徴的な事例としては，昭和電工と UDC 社との共同開発と，東芝・ソニー・日立製作所によるジャパンディスプレイの設立がある。異業種間では，東北パイオニアと三菱化学の提携，パナソニックと出光の合弁会社形成，出光興産の LG グループへの出資，カネカの東北デバイス買収などがある。

　次に，業界別企業提携の詳細を表 4 に示し，以下に，各業界ごとに所属する企業の提携の概要を示す。

第 5 章　企業提携と産業形成のダイナミクス　73

表4　業界別主要企業の企業提携

化学・石油分野	製造装置分野	ディスプレイ分野
住友化学：CDT社との関係強化（2001年ライセンス契約，2005年合弁会社の設立，2007年買収），ダウ・ケミカル材料事業の買収（2005），パナソニックと共同開発（2009）	トッキ：トッキアドバンスを吸収合併（2000），新潟計装買収（2001），キヤノンに企業売却（2007），ファブリカトヤマとの株式持ち合い（2001），日立ハイテクとの資本提携（2002）等	ソニー：UDC社との共同開発（2001），豊田自動織機との合弁会社二社を統合し子会社化（2007），同子会社をジャパンディスプレイに統合（2011），出光興産との共同開発（2005），NEDO助成金を得て共同開発（2008），友達光電との提携（2012），パナソニックとの提携（2012：2013年に解消）
カネカ：大阪大学と共同開発（2008），東北デバイス事業譲り受け（2010）	アルバック：ライトレックス社提携（2002），同社へ50％出資（2003），同社の買収（2005）	キヤノン：トッキ買収（2007）
出光興産：TDKと共同開発（2002），ソニーと共同開発（2005），OC社と共同開発（2006），住友金属鉱山保有ISEMの子会社化（2007），LGグループへの出資（2009），パナソニックとの合併（2011），友達光電との提携（2012），オープンイノベーション開始（2013）	ルミオテック：三菱重工を筆頭株主とする合弁会社（ローム，凸版印刷，三井物産，城戸淳二）	東芝：東芝松下ディスプレイ完全子会社化（2009），ジャパンディスプレイに吸収合併（2011）
三菱化学：三洋電機（2002），王子製紙（2010）と共同開発，パイオニアに10億円出資，LLP設立（2011）および合併会社設立（2013）		NEC：サムスンSDIと合弁会社（2000），合弁解消（2004）
		東北パイオニア：シャープ，半導体エネルギー研究所と合弁会社（2001），同合弁解消（2005），三菱化学・三菱電機からの出資を受ける（2011），三菱化学とLLP設立（2011），および合併会社設立（2013）
		三洋電機：コダックと共同開発（1999），合弁会社（2001），大阪大学・松下・三菱化学との共同開発（2002），エスケイ・ディスプレイ設立（2003），パナソニックによる買収（2009）
		日立ディスプレイズ：日立製作所がキヤノン，松下に株式譲渡（2007），ジャパンディスプレイに統合（2011）
		パナソニック（旧：松下電器産業・松下電工）：大阪大学・三菱化学・三洋電機などとの共同開発（2002），日立ディスプレイズへの出資（2007），パナソニック出光OLED照明の設立（2011，2014に解消），ソニーとの提携（2012，2013に解消）
		三菱電機：パイオニアへの出資（2011）

出所：抽出した新聞記事をもとに，筆者作成

■ 化学・石油分野に分類される企業の提携活動

　先に述べたとおり，有機ELを用いたディスプレイおよび照明用パネルは，部材の点数が少ないため，有機EL素材を開発する企業が，セットメーカーの製品開発力に依存することなく，デバイスおよびモジュール開発に携わることが可能になった。そこで，有機EL素材の開発を手掛ける化学・石油分野の企業において，主体的に製品開発に取り組むことが可能となった。

　三菱化学は，2002年には三洋電機と共同開発を開始し，2006年にはUDC社と共同開発，2010年には王子製紙と共同開発を開始した。2010年に東北パイオニアに出資をおこない，2011年に同社と販売活動について有限責任事業組合（LLP）を設立し，2011年には照明パネルの製造・販売を開始した。2013年に合併会社MCパイオニアOLEDライティングを設立して，販売活動を強化している。カネカは，2001年にUDC社と共同開発を開始し，2005年に行政機関，民間ファンドおよび伊藤忠から出資を受けて設立された東北デバイスが2010年に民事再生法の適用を受けたため，同社の事業再生のため買収し，100％子会社OLED青森株式会社とした。昭和電工は，2009年にUDC社と提携し，同社の材料開発計画に合わせて，光取り出し効率向上に注力した。

　最終製品の上市をしていない企業でも，住友化学および出光興産のように，積極的にグローバルに提携関係を展開し，中間財としての有機EL素材を提供している企業がある。住友化学の企業提携に関する特徴は，CDT社との提携関係を，戦略的提携から支配権の移動を伴う買収まで発展させたことである。2001年に，住友化学とCDT社はライセンス契約を結び，高分子有機EL材料開発の技術供与に関する契約を締結した。住友化学が開発した高分子有機EL材料をCDT社が活用してパネルを作製し，さまざまな用途の適合を検討し，2002年には住友化学はCDT社に出資した。2005年に住友化学は，CDT社の関連会社と発光材料の開発・製造・販売に関わる合弁会社（サメイション株式会社）を設立した。その後，同社との関係を深め，2007年には同社を買収した。なお，2011年には同社の韓国の拠点である東

友ファインケム社にタッチセンサーパネル工場設備の建設を開始したことを発表し、韓国企業へ中間財を出荷している。

　出光興産は、有機EL材料で2009年に有機薄膜発光層の売上実績で世界トップのシェアを占めた（富士キメラ, 2010a, 2010b）。2005年にはソニーと共同開発契約を結び、2006年にはUDC社と共同開発契約を締結した。また、同年に住友金属鉱山と合弁で設立した、主に液晶および有機EL画面に用いる電極材料メーカーであるISエレクトロード・マテリアルズ（ISEM）の住友鉱山保有分49％を買収した。2007年にはUDC社との共同開発の範囲を拡大し、2011年にはLGグループがイーストマン・コダック社の有機EL特許を買収するために設立したGOT（Global OLED Technology）の株式32.73％を取得した。同じく2011年には、パナソニックと合弁会社（パナソニック出光OLED照明）を設立したが、2014年3月には合併を解消した。

　他にグローバル展開を目指した事例として、サムスングループと提携した保土谷化学[4]、UDC社と特定のビジネスモデルを実施するための共同開発を提携した新日鐵化学がある[5]。富士フイルムはガスバリアフィルムの基礎技術を有する米国バイテックス社に出資をおこない、筆頭株主となった。2012年には有機EL関連特許をUDC社に売却している。なお、化学・石油分野の企業は、多額化する研究開発費の効率化と、業界全体の調整をおこなう目的で、次世代化学材料評価技術研究組合（CEREBA）を設立した。CEREBAでは、最先端材料の性能評価や信頼性評価を共有化し、材料評価設備の投資リスクの低減および材料の最適な組み合わせの提案を目指しているが、有機EL素材はその最初の対象材料となった。

▌製造装置分野企業の提携活動

　有機EL製造装置の開発に関わる企業の提携活動も特徴的である。トッキは、1993年より、ガラス基板前処理、有機EL成膜、ガラス封止を一括するクラスター型の有機EL蒸着装置を開発した。2001年には、CDT社と共同開発契約を締結し、さらに、新潟計装が新潟市に所有していた土地、工

場，クリーンルーム，従業員を買収し，成膜・封止装置の新工場として稼働させた。2002年には，日立ハイテクと代理店契約を締結した。同社は2004年にジャスダック証券取引所に上場し，その後，UDC社や東北パイオニアなど主要企業に同装置を納入してきた。ところが，塗布型工程の製造装置を開発するには多額の開発費用を必要とすること，さらにディスプレイ企業の業績悪化などの影響を受け，経営状態は悪化し，2007年にキヤノンに公開買い付けで買収された。

アルバックは，2002年にCDT社のインクジェット関連の米国子会社であるライトレックス社と共同開発契約を締結したが，2003年には同社の株式50％を買収し，2005年には100％子会社とし，素材と製造装置の間の最適な組み合わせを探索している。三菱重工は，ローム・凸版印刷・三井物産との合弁会社として設立したルミオテックの51％の筆頭株主であり，有機ELの照明パネルの製造を手掛けている。

■ディスプレイ分野企業の提携活動

家電産業における中核商品であるテレビと密接に関連するディスプレイ分野で有機EL事業への参入を目指す企業は，経営環境の変化に伴い，さまざまな形で連携活動の調整を進めている。特に，2007年以降の業界再編は，有機EL市場ディスプレイを創造することの難しさを示しており，企業は大型ディスプレイまたは中小型ディスプレイを目標とする市場を棲み分けて，それぞれの戦略の適合した企業提携を実施した。

2002年に東北パイオニアおよび三洋電機は，携帯電話のディスプレイやデジタルカメラのディスプレイなどの製品を上市した実績をもつが，アクティブマトリクス型の開発の遅れや経営環境の変化などによって事業悪化に陥り，事業の継続が難しくなった。東北パイオニアはのちにパイオニアの100％子会社となり，三菱化学および三菱電機と，各々の事業目的に応じた企業提携を構築した。一方，三洋電機は，パナソニックに買収されることによって新たな展開を模索した。

東芝は，松下電器産業との合弁会社として設立した東芝松下ディスプレイテクノロジーで有機 EL 事業に取り組んできたが，テレビ事業における急激な需要減と価格変動の影響を受け，2007 年末には大型映像ディスプレイの製造を断念し，中小型パネルの製造に特化した。2009 年には，同合弁会社のパナソニックの持ち分を買収し，完全子会社（東芝モバイルディスプレイ）とした。2010 年に東芝は，有機 EL ディスプレイの製造を断念し，東芝モバイルディスプレイの保有した製造ラインを処分した。その後，東芝モバイルディスプレイは，2011 年にジャパンディスプレイに統合された。ジャパンディスプレイは，2014 年 3 月に東京証券取引所市場第 1 部に上場した。有機 EL の試作ラインへの投資を計画している。

　松下電器産業とキヤノンおよび日立製作所は 2007 年に包括提携をおこない，松下電器産業とキヤノンはそれぞれ日立ディスプレイズへ 24.9％を出資して，有機 EL を共同で事業化することを決めた。日立ディスプレイズの子会社であった IPS アルファテクノロジは，松下電器産業が経営権を握ることとなり，キヤノンは同社への出資により，日立製作所グループが保有する有機 EL に関する特許を，一定の範囲で使用する権利を得た。

▌業界別の買収・合併取引傾向

　化学・石油産業で分析した 10 社の中では，6 社が資本提携を実施し，4 社が合併・買収を実施している。住友化学は，高分子系材料開発の先駆者であった CDT 社を買収し，同社との関係を深化させた。カネカは，事業再生に陥った東北デバイスを買収した。出光興産は，複数の提携相手との関係を維持したが，LG ディスプレイ関連会社への出資で関係を強化した後に，パナソニックと合弁会社を設立し，台湾 AUO 社と提携するなど，グローバルに提携関係を拡大した。2013 年に同社は，ホームページ上で有機 EL 材料開発をオープンイノベーション形式で進める試みを開始した。特徴的なことは 5 社が外国企業と連携をしていることである。住友化学，保土谷化学，出光興産がディスプレイを製造する韓国企業との連携を実施しており，新日鐵

化学と富士フイルムは基礎技術を有する米国企業と連携した。

　電気・電子産業の中で製造装置開発企業として分析の対象とした10社では，7社が資本取引を実施し，3社が買収・売却を実施した。凸版印刷・日立造船・三菱重工・セイコーエプソンは合弁会社を設立し，トッキは公開買付でキヤノンの子会社となり，アルバックとヒロセエンジニアリグが買収を実施した。パネル製造企業では，12社が資本取引を実施し，11社は買収を実施した。なお，三菱電機と三菱化学のパイオニアへの出資は，経営悪化からの脱却のため第三者割当増資に応じたもので，買収取引ではないが，同社の経営に関し救済的意味合いをもつ。

第3節　企業境界の戦略的設定と産業形成

　第1節で議論したA-Uモデルは，産業の進展と企業組織のあり方に一定の関連性があると主張しているが，第2節では，有機EL分野においては，各企業はそれぞれの企業戦略に応じて経営資源の補完のために，企業提携を実施していることを示した。その背景には，スマートフォンおよびタッチパネルの台頭を皮切りとした国際競争の激化のために，電気・電子産業において業界再編が始まり，石油化学産業に属する企業が脱石油依存に移行するために最終製品市場に取り組むなど，業界構造に変化が起こったという事情がある。

　ここで第2章の分析フレームワークを振り返ってみよう。各企業はそれぞれの戦略に従い，経営資源を補完するために，提携関係を設計する。ここでは，企業提携の設計と調整というプロセスを示す［A］と同時に，そのプロセスによって構築された企業提携は，従来の企業提携と異なる構造と機能をもつこと［B］を指摘した。日本企業が伝統的に採用してきた企業提携のモデルは，セットメーカーを中心とした垂直統合であるが，このフレームワークにおける企業提携は，それとは異なる。現に，ここに分類した3つの産業，すなわち，化学・石油分野，製造装置分野，セットメーカーが中心とな

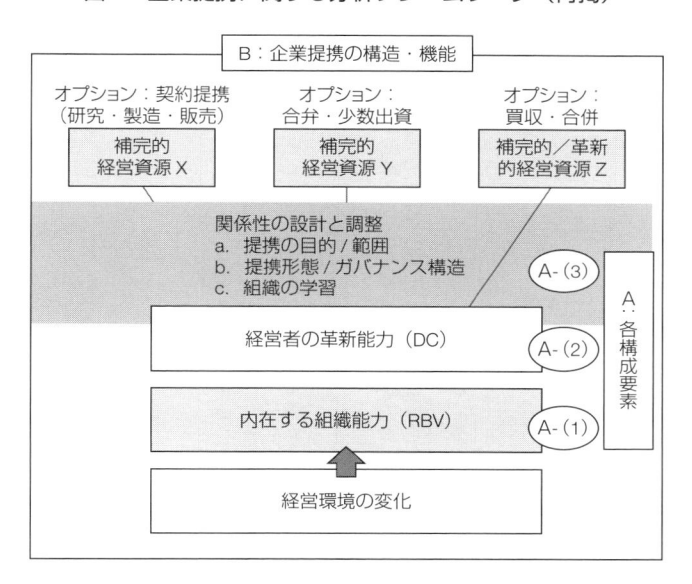

図4 企業提携に関する分析フレームワーク（再掲）

B：企業提携の構造・機能

- オプション：契約提携（研究・製造・販売）
  - 補完的経営資源 X
- オプション：合弁・少数出資
  - 補完的経営資源 Y
- オプション：買収・合併
  - 補完的／革新的経営資源 Z

関係性の設計と調整
a. 提携の目的／範囲
b. 提携形態／ガバナンス構造
c. 組織の学習

経営者の革新能力（DC）

内在する組織能力（RBV）

経営環境の変化

A：各構成要素
- A-(3)
- A-(2)
- A-(1)

るディスプレイ分野に属する企業の提携活動を見てみれば，それぞれの業界事情に応じて特徴のある提携関係を展開している。これは，有機ELの技術的な特性により，セットメーカーだけが最終製品を販売するのではなく，化学・石油分野の企業も，照明パネルを製造・販売を開始しており，また製造装置企業は，国内企業以外にも製品を販売しているという事情によるものである。セットメーカーにおいても，基礎技術を開発する企業等や素材企業などとの提携の他，同業種での連携，すなわち業界再編による事業の効率化にも取り組んでいる。

ただし，提携契約を締結する段階で知り得る情報には限界があり，その提携関係が最善であるとは限らず，その後の経営環境の変化により，提携関係を調整しなければならない。どのような提携関係を結び，どのような企業境界を選択するのかが，各企業の戦略を実行しうる組織体制を構成する。どの提携活動であっても，固定的な基盤を築く，あるいは通過点となるとは限ら

ず，結果として成果を出さない，あるいは失敗に終わることもある。

　一方，この関係性においては，提携相手の企業との間で共同開発を実施するなどして，個別の知的財産の所有権を特定しつつも，共同で定めた分野における経営資源の開発に取り組む。その活動を鑑みれば，むしろ，組織境界の選択そのものが，企業戦略を構成し，かつ市場創造・産業形成を促すと考えることができる。とりわけ，現時点での有機 EL 分野のように，初期的なドミナント・デザイン商品の候補が複数出現しても，市場拡大および産業形成に至っていない状況においては，市場環境の変化に対応しうる組織境界の選択に成功することが先決である。言い換えれば，市場創造，さらには産業形成をもたらすのは，各企業の提携活動の成果の連鎖であり，それを構成するのは各企業の組織革新能力であるということができる。

第4節　経営者の革新能力のダイナミクス

　ところで，企業が組織革新能力を獲得するには，組織の経営資源を統合する企業経営者の役割が重要であるとの議論がある（Teece, 2007）。日本企業の組織硬直性を改善する方策としても同様に，経営者の革新能力が問われることが多くなった。有機 EL の企業提携の軌跡においても，経営者の意思決定は重要な役割を担う。第4章で述べた今日までの市場拡大の軌跡を好意的に解釈すれば，有機 EL を搭載したスマートフォンの売上を急拡大したサムスングループによって，有機 EL 産業が形成されつつあると認識することは可能である。薄型テレビのシェアは，2009年でサムスン電子が全世界の23.4％，ソニーは12.5％，LG エレクトロニクスが12.4％，パナソニックは8.3％であり，テレビ事業で日本企業に勝っていた（苅込, 2011）。少なくとも，サムスングループの強力な資本力が，日本企業による産業牽引に対する競争環境をつくりあげたことに疑いの余地はない。また，サムスングループの組織構造において，その資本力を活用する権限が経営者に集中していることは，企業に一定の革新能力を担保することにもなろう。

このような事情を鑑みつつ，サムスングループとソニーが有機 EL 分野に参入した経緯を比較し，その軌跡を考察してみよう．ただし，この比較をもって，サムスングループとソニーの両企業の組織能力自体，または，それぞれの企業が韓国企業と日本企業を象徴する存在として議論の対象とすることが目的ではない．あくまでも，液晶産業が予想外に成長したという競争環境が激化した時期における，企業の意思決定の軌跡の相違を単純に比較したものにすぎないことに留意されたい．サムスングループの意思決定を過大評価すれば，有機 EL 産業の形成過程を客観的に考察することを阻む危険性が生まれることも指摘する．

▌サムスン：有機 EL 市場への戦略的参入

サムスングループの有機 EL 分野への取り組みが強化されたのは，サムスン SDI と NEC が 2000 年に設立した合弁会社（サムスン 51％，NEC 49％）サムスン NEC モバイルディスプレイ社（S-NMD）である．同社は，2002 年には量産を開始したものの，NEC の経営戦略の変更により，ディスプレイ事業が非中核事業と分類されたため，2004 年 3 月に合弁を解消し，サムスン SDI が合弁会社の株式と特許を買い取った．

その後，サムスンは数々の試作品を発表する．2005 年にはフラットパネルディスプレイの展示会（FPD International）にて 40 型アクティブマトリックステレビ向けディスプレイの試作品を展示した．2006 年には，サムスン SDI が有機 EL 分野への投資の拡大（設備投資総額 6200 億ウォンの 40％，研究開発投資の 2500 億ウォンの 25％）を発表した．2007 年度末には，31 型ディスプレイパネルの開発を発表した．

この頃，韓国政府は，産学連携の強化策を講じた．韓国の産業資源部は，平成 19（2007）年 5 月に「8 大相互協力決議」において，サムスン電子，サムスン SDI，LG 電子，LG フィリップス LCD の 4 社との強い協力関係を築くことを発表した．この決議では，特許協力や共同研究開発などが含まれている．また，2008 年度に制定された「先進一流国家に向けた李明博政権の

科学技術基本計画（577イニシアチブ）」では，重点技術の1つとして「次世代ディスプレイ技術」をあげた。

　これらの動きと並行して，グループ企業の有機EL事業を一元化し，2008年に資本金約160億円で「サムスンモバイルディスプレイ社」（サムスンSDI 50％およびサムスン電子50％）を設立した。2010年にはNTTドコモと提携して，有機ELパネルを用いたタッチパネル方式のスマートフォン「ギャラクシーS」を販売し，売上を急拡大した。これは，同社の無線事業がアップル社に対抗する商品開発を検討するにあたり，先にサムスン社内で開発されたVA液晶がタッチパネルとの相性が悪いため，有機EL技術の採用を決定したことによる（アイサプライ・ジャパン，2011）。2011年には，有機EL事業へ総額4000億円超の投資を実行することを発表し，同年に，米国UDC社との連携強化を発表した。2013年初頭に55型有機ELディスプレイ試作品の展示をしたが，高価格であったため，市場拡大には至っていない。2013年には独Novaled社を買収するなど，資本提携を含む多様な提携活動を展開している。

■ソニー：有機EL市場に関する戦略の変遷

　ソニーは，早くから次世代テレビの重要戦略として有機ELを位置づけ，研究開発を強化した。2001年のイーストマン・コダックとの連携のほか，同年よりUDCと共同開発にて，燐光発光材料を用いた発光効率と発光寿命を長時間化する研究を開始した。

　2003年には，出井伸之社長（当時）が，有機ELを次世代薄型ディスプレイと位置づけ開発の強化を打ち出し，12型パネル4枚を組み合わせた24型ディスプレイの試作品を展示した。2004年には有機ELパネル搭載のPDA「クリエPEG-VZ90」を製品化した。2005年には出光興産と提携し，発光材料・電極材料のノウハウを組み合わせたアクティブ型の有機ELパネルの製造を目指した。2006年には有機ELをソニーの中核事業として位置づけ，2007年には11型・27型パネルの試作品を展示した。2007年にソニー

はトヨタ自動織機との合弁会社（1997年設立）を買収し，有機ELテレビ用試作製造ラインを確保した。同年末に販売を開始した11型有機ELテレビは，この合弁会社で製造された。この11型テレビの販売をきっかけに市場拡大の期待を高めた。2008年には生産ラインの新設のため220億円の投資を実行し，薄さ0.2mmの有機ELパネルを試作展示した。

　しかし，液晶・プラズマディスプレイパネルの価格競争の激化と韓国・台湾企業の台頭により，競争が激化した上に，有機ELを搭載した大型ディスプレイの開発の遅延により，有機EL市場は拡大しなかった。当時の韓国・台湾企業等による大規模投資などの経営環境の変化に対峙するために，日本企業の技術開発を結集する必要性が認識され，NEDOの補助金による次世代大型有機ELディスプレイ基板技術の開発（グリーンITプロジェクト）が開始された。ここでは，基板技術，製造プロセスなどの技術をもつ企業が連携し，40型フルHDテレビの量産技術を確立することを目指した。

　しかし，2010年には競争は新たな展開を見せる。前述のとおり，サムスンモバイルディスプレイは，2009年に有機ELパネル製造のための大型投資をおこない，2010年にはNTTドコモから，スマートフォン市場の拡大時期をとらえ，有機ELディスプレイ搭載スマートフォンの製造・販売を開始した。競争環境の大きな変化を受けて，東芝は，2010年に有機EL分野からの撤退を発表したが，2011年には一転して，産業革新機構の支援（資本金7割拠出）をとりつけ，ソニーおよび日立製作所と中小型ディスプレイ製造に関する合弁会社ジャパンディスプレイを設立した。設立当初は液晶産業に集中し，収差を獲保したあと，有機EL分野の研究開発投資を実施する計画が発表された。2012年に九州大学最先端有機光エレクトロニクス研究センター（OPERA）との提携を発表し，2014年3月に東京証券取引所第一部に上場した。

　国際競争が激しくなる中，サムスングループおよびLGグループなど資本力のある企業の展開する経営戦略は，日本企業の一連の戦略決定に大きな影響を与えてきた。これらの企業は，従来のキャッチアップ型の産業形成パ

ターンを脱却し，有機EL分野における先端技術を企業提携をとおして調達し，同時に，自社開発を実施し，組織の学習能力を高めている。さらに，自国のみならず欧米，中国などの世界市場の市場創造に取り組み，効率的に大量生産を実現するための経営戦略を実施している。これらの企業の戦略は，イノベーションの流動的段階における市場動向を詳細に観察しながら新製品を上市し，ほぼ同時期に特化段階に向けての競争を意識し，一連の製造プロセスに関して大型投資を実行した[6]。

過去に日本企業が液晶産業で競争力の源泉とした高性能で安価な製品を市場に提供する組織能力は，いまや日本企業が独占的に享受する産業競争力とはいえず，さらに，企業提携による製品開発力や製造能力の獲得によって，もはや模倣困難なものではない。むしろサムスングループ等の企業が巨大な資本力を発揮して，製品とプロセスの双方のイノベーションに関して，競争を発揮する余地を与えたことに着目するべきである。ただし，量産技術は確立されておらず，有機EL大型ディスプレイの市場は拡大していない。すなわち，この競争に関してまだ決着がついていないことも事実である。

■経営者の革新能力はどのような効果を発揮するのか

サムスングループとソニーを比較すると，テレビ事業における同業者としての類似性とは対照的に，企業戦略・組織体制において大きな違いがある。サムスングループの起源は貿易業者であり，グローバル展開を標榜し企業グループを構築し，資本力を貯え，企業規模を拡大した。ソニーは創業者らの技術開発力を基盤として設立され，主な業務として家電製品などの製造業に依拠していた。2013年度に関していえば，なお，サムスングループのスマートフォン事業の採算は厳しく，ソニーも2013年度の経営悪化により，パソコン事業の産業革新機構への売却，テレビ事業の抜本改革を決定した。ただし，ディスプレイ産業自体の競争環境の変化は別の機会に論じよう。

サムスングループは，初期的にはNECとの合弁会社を基軸に有機EL分野に取り組んだ。この取り組みは液晶パネルに関するソニーとの合弁会社設

立に類似している。しかし，NECの企業戦略変更により当該合弁会社を解消した2004年からは，有機EL分野への投資を拡大し，2008年より韓国政府の産学連携の政策を背景に，生産ラインを確保した。2009年には，NTTドコモとの提携により，モバイルディスプレイ市場の独占，2013年の大型テレビの製造販売に至る。

　一方，ソニーは1994年頃から有機EL分野への本格的に取り組むようになった。2007年には，低温ポリシリコンTFT，トップエミッションといった有機ELディスプレイに重要な要素技術を活用し，世界初となる11型テレビを開発した。これが有機ELへの市場の期待感を向上させ，業界再編の引き金となった。しかし，ディスプレイ事業に関する業績不振により，製造ラインなどへの大型投資を実施しなかった。研究開発の面では，大型画面の開発が進まず，2008年には産学連携により技術開発に取り組んだものの，まだその成果は本格的な実用化には結びついていない。2011年よりジャパンディスプレイで，中小型ディスプレイの開発に取り組んでいるものの，ソニー本体におけるパソコン事業からの撤退，テレビ事業の抜本改革は大きな変化である。

　ここまでに記したサムスングループとソニーの経営の単純比較は，今後の日本企業の経営を議論する上では，きわめて限定的な情報に基づく表面的な比較にすぎないが，これまでと異なる競争環境になったことは明らかである。

▍経営者の革新能力と産業牽引

　Baba（1989）は，かつての日本の産業では，産業形成においてイノベーションを興す企業群と，それを模倣する企業群，さらには革新的に産業の発展を追随する企業があったことを指摘した。液晶産業においてシャープが，日立製作所に対して革新的に追随した成果は，このような地位において先行企業を超越しようとする果敢な戦略に基づくものであると位置づけることができる。現に，先行的に商品開発をしてきたサムスングループより先にLG電子が55型有機ELテレビが発売されたことも一考を要する。日本ではソ

ニーでの開発が停滞する中，2014年初頭のパナソニックによる曲面ディスプレイの試作品に注目が集まっている。

　逆説的ではあるが，有機EL分野における資本力のある韓国企業の台頭は，あらゆる次元から日本企業に必要になる産業競争力の源泉と，それに伴って出現する産業形成プロセスを一変させてきた。すなわち，日本企業が有機EL分野における産業形成の初期段階において展開した国内の企業との多様な企業提携には，有機EL分野での先行利益の獲得を目指す韓国企業に対する戦略的対応策としての側面が認められる。そこでは，セットメーカーの企業体力の低下により，日本の素材企業が最終製品を開発する外国企業と進んで戦略的提携と買収・合併を含む資本提携を提携する事例が発生した。同様に，製造装置企業も，開発段階から外国企業と提携するなど，従来，期待された日本企業間に構築された一連の関係性の活用による産業発展の可能性は限定的なものになった。

　今後，日本企業のとるべき経営戦略は，従来からの戦略の延長線上にはなく，本研究が明らかにした企業提携における一連の変容にみられる経営者の革新能力が，市場創造および産業形成を推進することが期待される。有機EL分野における，近年のアジア企業の台頭という経営環境の変化は，日本企業の組織および組織能力の概念に，大きな変革をもたらしたことを指摘してきた。この環境の変化により，日本企業が持続的に繰り返しなしうる組織能力が再現性をもとうと，かつてのように経済的価値を創出するとは限らない。また，セットメーカーの市場支配力が弱まっている今日では，たとえば石油化学業界に属し素材を開発する企業が，セットメーカーを中心とする組織連携の拘束にとどまることに優位性があるとは限らない。

　過去に蓄積した経営資源や組織能力の維持・向上の継続により，国際競争力を維持すると一元的に観念することは，ますます激しくなる経営環境における新しい戦略構築を防げかねない。高性能で安価な製品を生産する能力は，日本企業の独占的優位性ではなく，もはや模倣困難なものではない。むしろアジア企業が巨大な資本力を発揮して製造設備を整えたことが，日本企

業の製品よりも競争力をもつことを経験した。一方で，日本企業による先端技術の開発力による競争力復活も期待される。

このように，日本企業に立ちはだかった外部環境の変化は，これまでの組織能力の発揮による競争力強化の戦略の効果を低減させ，経営者の革新能力の発揮を求めた。また，有機EL分野に象徴されるように，単独での開発が困難となるほど技術が複雑化・高度化したこと，また，市場や産業が急速にグローバル化したなどの経営環境の変化により，経営者による企業境界の戦略的設定が企業の重要な戦略の1つとなった。日本企業は，この外部の経営環境に対応するために，組織内部に蓄積された能力を拡張するのみにとどまらず，外部組織との連携を，産業形成の段階に応じて活用する必要がある。

第5節　産業形成のダイナミクス

本章では先ず，最初に産業形成とイノベーションの関係性を示したA-Uモデルに従って，液晶産業と有機EL産業の発展について考察した。有機EL分野における企業の組織形成の軌跡をみてみれば，A-Uモデルに示された発展段階とは異なる特徴をもつ。カーオーディオ，小型パネル，スマートフォン対応パネルと市場が創造された時期に，企業提携活動が活発化し，液晶産業との競争激化の影響を受け，既存の企業提携に関して，提携形態の変更，提携相手の変更などの調整をおこなう傾向がみられた。

有機ELの産業形成の初期段階における企業提携の展開は，日本企業の典型例とされた液晶技術分野における提携パターンと大きく異なることが明らかとなった。液晶分野において日本企業では，セットメーカーを中心とした提携関係に基づいた関係性を構築し，国際競争力の源泉としてきたが，有機EL分野では，産業形成の初期段階から多様な提携関係が構築されている。すなわち，これまでの伝統的な企業提携モデルは，これまでのように優位性をもつとは限らないことを示唆する。

企業提携により，異なる経営資源が結合して生まれた商品によって有機

EL市場が創造されてきた。その活動が連鎖して有機EL産業の形成を誘引する。ただし，その過程にも伝統的な産業とは異なる特徴がある。化学産業が最終製品を製造／販売しているように，ディスプレイ企業のようなセットメーカーが帰属する産業分野の一部として形成されていない。製造装置企業は，同業種の企業との提携で，相互の保有資産および知識の利用可能性を高め，異業種との提携で製造方法の開発をおこなった。ディスプレイ企業では，ジャパンディスプレイの設立など業界再編の動きがあった。これらの動きによって産業構造が変化し，企業提携は産業界の経営資源の効率的配分を実現し，産業形成を促すことになる。ここに必要とされるのは，経営者の革新能力である。既存の産業慣習にとらわれず，企業戦略を実現するための企業提携を実行する。そこで生まれるダイナミクスは，産業形成過程に大きな影響を及ぼす。

注
1 たとえば，セットメーカーと製造装置を開発した会社が取引関係にない場合，取引関係にあっても，そこから受ける制約が限定的である場合などがある。
2 全国の証券取引所および証券保管振替機構によって組織・運営されている協議会で，公開企業等の証券コードおよび業種を統一的な基準に基づいて設定する。
3 2001年の三菱商事とバイテックスシステム，2002年の住友商事とコダックも存在するが，販売に係る提携についてはその他（商社等）の分類に含めた。
4 保土谷化学は，2011年に韓国忠清北道清原郡市に在するSFC Co., Ltd.への出資比率を51％に引上げた。SFC社は，主に正孔輸送材などの有機EL材料を製造・販売している。また，同年にサムスングループのベンチャー投資会社SVIC社が同社に投資をして保土谷化学に次ぐ第2位の株主となり，サムスングループと業務提携を結び，韓国に研究拠点を設けることを発表した。
5 新日鐵化学とUDC社の提携は，新日鐵化学の赤色ホスト材料とUDC社の赤色燐光発光を組み合わせた製品を共同で販売するというビジネスモデルを構築し，UDC社の特許を活用する企業は，つねに新日鐵化学の材料を購入する仕組みを作り，両社が相応の利益を得ることができる。
6 サムスングループは，2012年のディスプレイ分野の設備投資の6兆6000億ウォン（約4500億円，換算レート：2012年1月27日時点で14.58ウォン／円）の大半を有機ELに振り分ける方針であることを発表した。LGグループおよびAUO社については，有機EL分野への設備投資額の振り分けは具体的に明らかではないが，戦略的に投資を実施している方針は明らかである。

第6章

分析結果の理論的考察と経営含意

　本研究では，経済学／経営学の視点から分析フレームワークを設定し，企業による提携活動が市場創造および産業形成にどのような影響を与えるか，包括的に分析した。ここでは，分析フレームワークを再説し，主要分析結果をもとに，その適用性を確認する。最後に，本研究に残された課題を示す。

第1節　分析結果の総括

　有機EL分野において日本企業は，実用化の初期段階，市場創造および産業形成の段階において，さまざまな提携を締結してきた。科学技術を元にしたイノベーションを取りまく社会，経済環境の変化，またそれを踏まえた日本国政策の変化，さらには国際市場における競争環境の変化に直面しつつ，各企業は，独自の企業戦略および提携戦略を構築してきた。研究開発費用が高騰し，科学技術の実用化に関する不確実性が向上していることを踏まえ，企業は大学との共同開発を必要とする。また，企業間の連携では，従来，日本企業に典型的とされたセットメーカーを中心とする関連企業との安定的な関係構築とは異なる，多様な形態が活用されている。

　第2章では，関連する先行研究を調査し，本研究の分析フレームワークを設定した。経営学には，企業の提携活動に関して，企業活動に対する資源ベース理論に依拠した，戦略的提携に関する先行研究がある。企業はその経営活動において，組織に蓄積された経営資源では不十分であると判断するとき，共同研究開発やライセンス供与等によって他社と提携し，市場からは調達が難しい必要な経営資源を補完する。戦略的提携に関する研究は，このよ

うな企業の提携活動を分析対象とする。ただし，一般的に戦略的提携として観察する対象は，独立した組織形態を保つ企業の提携に限定され，事業の買収・売却，また企業の買収・合併に及ぶ資本提携は含めない。

一方，本研究が分析する有機EL分野においては，企業提携において買収・合併取引を含む資本提携が積極的に活用され，しかも構築された提携関係は，時間の経過と共にさまざまな変化を見せている。Doz and Hamel（1998）は，企業提携を関係性の進化として捉える視点の必要性を指摘している。経営環境の変化への対応において必要になるのは，企業提携におけるダイナミックな調整であり，それを実現するためには経営者の革新能力が重要な役割を果たすことが指摘されている（Teece, 2007）。以上の認識から，本研究はその分析フレームワークの設定において，企業の戦略的提携に加え，買収・合併取引を含む資本提携を含めている。この分析視覚は，経営環境の変化に対応する企業経営者の革新能力に注目するダイナミック・ケイパビリティ理論と，その流れを汲む経営者の買収・合併策による革新能力についてのCapron and Anand（2007）の議論に依拠する。

第3章では，有機ELの基礎技術が開発された時期以降の実用化初期段階における産学連携について考察した。企業間連携と異なり，産学連携は，科学技術政策などの国家戦略に大きく影響を受ける。有機EL分野の基礎技術が確立した1987年から今日までの間，日本経済は，バブル経済の台頭から崩落の影響を直に受け，停滞していた。我が国の大学の在り方を含め，イノベーションに関する政策も国際的な政策動向に影響を受け，その概念が変わってきている。

有機EL分野に積極的な研究活動を展開してきた九州大学，山形大学では，1990年代後半から始まった大学改革の主旨にあわせた数々の努力をおこなった。両大学とも実用化を目的として，さまざまな形態で企業との共同開発を進めてきた。大学にはイノベーションの創出拠点としての期待があり，企業には，経営資源の補完という観点から，大学の研究成果を必要とする。ただし，現在は，実用化が進む途上にあり，かつディスプレイ市場における

競争激化という大学にとっては対応の難しい状況にある。大学を中心とする産学連携活動においても，第2章で示した分析フレームワークで提示した提携関係の設計と調整が必要になろう。

第4章では，有機EL分野における産業形成と同分野における企業提携の構造を明らかにし，企業提携の市場創造に与える影響を考察した。企業提携の一般的傾向をみるために，時系列的に企業提携の事例を観察すると，有機ELディスプレイを用いた携帯電話の実用化が始まった2002年前後と，有機ELテレビが販売された2007年前後に企業提携数が多い。さらに，サムスンモバイルディスプレイ社がスマートフォンに搭載した有機ELディスプレイの販売が増加した2009年以降において，照明分野への参入を視野にいれた企業提携が増加した。次に，有機EL分野において製品上市を戦略的に追求している有力企業，さらに，上市を達成した企業における企業提携の実績を観察した。その結果，それぞれの企業は，産業への参入初期において外国企業との提携を含め，戦略的提携等によって必要な技術等の経営資源の拡充をはかったことが明らかとなった。製品上市への企業活動が本格化するにつれて，経営者は，置かれた経営環境の変化に対応して買収・合併を含む資本提携を戦略的に利用する傾向が認められた。有機EL分野における経営状況が悪化し，企業が同分野から撤退する場合も，企業，および事業を買収・合併する企業によって，撤退企業の技術などの経営資源が製品上市のために再利用されるケースがみられた。このように，企業による主体的な買収・合併に加え，企業の事業からの撤退が他企業による買収活動を誘発し，買収と合併という一連のプロセスによって企業の組織形態が大幅に調整され，その結果，市場創造が進んでいることが判明した。

第5章では，産業形成について考察するために，A-Uモデルを参照して，液晶産業と有機EL産業を比較した。そこでは，有機EL分野における企業提携の締結，言いかえれば企業境界の設定に関する戦略が，企業の内部資源の開発と，その成果としての産業形成に大きな影響を与えることを見い出した。また，第4章で用いた企業提携データを活用し，産業分野別に企業提携

の動向を分析した結果，化学・石油，製造装置，ディスプレイの各分野において，戦略的提携に加え，買収・合併等の資本提携の事例が観察された。とくに，化学・石油分野および製造装置分野においては，米国・韓国企業等の企業との提携がグローバルに展開された。ディスプレイ分野に属するセットメーカーを中心とする企業は，同業の企業間で資本提携をおこない，各企業がそれぞれ選択した市場セグメントに参入を目指す形で業界の再編成が進んできた。

　以上の観察結果をまとめれば，本研究が対象とする有機 EL 分野において，その企業提携のパターンが，従来と比較して大きく変容していることが判明した。先ず，大学と企業との連携の在り方に変化がある。大学は政府のイノベーション政策に基づき産学連携の体制を整えつつあり，企業は進んで大学との産学連携によって，単独では負担しきれない基礎的な科学技術の開発に取り組むようになった。さらに企業提携において，従来の提携の在り方とは大きな変容がみられる。液晶産業に典型的であったように，日本企業はセットメーカーが限られた部品／素材メーカーと長期的取引関係を構築し，情報共有とそれによる組織学習によって，必要とされる技術をはじめ一連の経営資源が組織を超えて補完していた。それによって最終製品市場に関与する産業と，それを支える部品／素材産業の両者が相補的に発展してきた。一方，有機 EL 分野における産業形成の初期段階において，日本企業は，その企業の経営戦略に応じて企業間に買収・合併を含む関係性を構築するなど，さまざまな形態の企業提携を幅広く展開している。

　次に，本研究が設定した分析フレームワークの視点から分析結果をみてみよう。先ず，本研究の分析結果は，有機 EL 分野における企業提携を伝統的な戦略的提携のみで分析することが適切ではないことを明らかにした。第 5 章の分析結果に示したように，企業提携による経営資源の補完といっても，提携形態，および，提携相手の属性によって，企業に及ぼす具体的な影響は異なる。異業種に所属する企業間提携や，外国企業との提携においては，提携相手の技術知識を取り込み，提携相手の保有する知識を利用して学習を積

み，自社の専門とする技術分野で，実用化のための応用開発を進める傾向が認められている。このことから，経営資源の補完が企業の研究開発に与える影響は多様であり，企業は提携企業から得た知識を極めて戦略的に利用する実態が示唆される。企業提携は，産業界の経営資源の効率的配分を実現する機能をもち，これまでと異なる構造の産業形成を促すことになる。

また，有機EL分野において，企業の戦略的買収・合併が製品上市に貢献する可能性を示唆する企業活動を，さまざまな形で見い出している。第一に，ディスプレイ分野においては，従来からのセットメーカー企業間に，その市場セグメントを特定化することを目的に，戦略的な観点から事業の買収・合併を含む資本提携が発生し，現在，同業界の再編成が進んでいるところである。第二に，石油・化学業界に属する日本の有力企業は，戦略的に社業の脱石油化を目指し，相対的に高い経営リスクを甘受しつつ，基本技術を保有する外国企業等の買収・合併を含む資本提携に乗り出している。第三に，製品上市を目指す一部の企業は，重要特許など価値のある経営資源を有する企業がその事業化を断念した際に，その企業，または，特定事業を買収・合併する決断をしている。

企業の技術基盤を整備することに貢献する戦略的提携は，他社の経営資源との補完を可能にし，企業経営にとって極めて重要な提携形態である。しかし，有機ELのように，数多くの技術要素を組み合わせて製品化が進む事業分野においては，戦略的提携のみに注力する経営戦略は，事業化に必要な経営資源を確保するだけに留まる危険性が残る。本研究は，有機EL分野において，企業が保有する技術と経営資源を活用して製品上市を実現するためには，一元的なガバナンス構造が必要であり，企業が相対的に高い経営リスクを甘受して提携形態を買収・合併を含む資本提携へと深化させることには，以上の視点から合理的であると主張する。

上記の観点は，資源ベース理論が主張するように，企業提携には経営資源の補完のために実施される側面があることを示す。しかし，特定時点における提携関係の設計のみによって，企業経営の長期的競争力を確保することは

難しく，これは，ダイナミック・ケイパビリティ理論による資源ベース理論の批判に明らかである。企業提携から継続的に効果を発揮するためには，ダイナミック・ケイパビリティ理論の指摘する企業経営者の革新能力が必要になり，経営者は企業提携の締結の後に続く，一連の調整作業に注力する必要がある。

第2節　企業提携の変容と市場創造に関する経営含意

本研究は，有機EL分野における日本企業の企業提携の変容を観察し，企業経営との関係を考察してきた。それでは，本研究の考察は日本企業の提携活動にどのような経営含意を与えることができるであろう。考察を始める前に，先ず，同分野における競争環境についての変化を再確認しよう。

第一に，有機EL分野に関する経営判断には，ディスプレイ分野を中心に競合関係にある液晶技術の開発動向をどのように評価するかという問題があった。実際のところ，日本の液晶技術が一連の企業努力によって予想外の形でその国際競争力を維持してきたのに対し，有機EL技術に関しては，大型画面の製造技術の開発，製造コスト削減等の諸課題の解決に想定していた以上の時間がかかり，有機EL技術に関与する企業は，その経営における不確実性を解消することが難しかった。先端技術によって新産業を形成する際に，どの要素技術が，あるいはどの製品が産業形成を牽引するかに関して，事前に予測することは難しく，有機ELに関しても同様である。当初は，同技術が可能にするディスプレイの大型化が市場創造を牽引すると考えられていたが，液晶技術を用いた大型ディスプレイが開発されると，その戦略の実現難易度が高くなったと考えられるようになった。その反面，サムスングループによる大型投資によってスマートフォンのタッチパネル市場が立ち上がり，有機EL市場が拡大してきたが，このような状況は，2002年に携帯電話用のディスプレイが開発された当初に想定することは不可能であった。

第二に，有機ELの産業形成に関与する有力なプレイヤーをみると，参入

企業の国籍が多様化し，サムスングループおよびLGグループという韓国企業をはじめとする外国企業が台頭している。従来，日本企業は，国内セットメーカーを中心とする提携関係の構築により，国内の消費者向けに新製品を開発し，その製品をグローバルに展開するという企業戦略を実行してきた。製品の付加価値の向上のためには，素材企業はセットメーカーの提示する要求特性をタイムリーに提供してきたが（藤本・延岡, 2003; 藤本, 2004; 藤本・桑原, 2009），このような競争モデルは，韓国企業・台湾企業の台頭により，大きく変更されざるを得ない。日本の素材企業の一部は，韓国に素材の製造拠点を設け，韓国企業に先行的に製品の納入を開始しており，国内セットメーカーは，従来，得ていた素材調達からの利益を失う危険にさらされている。

　第三に，有機EL技術の特性により，素材企業がタッチパネル・照明パネルなどの製品を独自で開発することが可能になり，実際，日本の素材企業の一部は，中間財としての素材の出荷のみならず，最終材としてのデバイスやモジュールを製造し，それを日本に限らず海外市場にも製品展開している。加えて，有機ELに関する製造装置を開発する企業が独自に外国企業に装置を提供し，国際展開を目指すことになれば，日本のセットメーカーが従来の国内提携モデルに依拠して，その競争力の源泉とすることは難しくなる。

　もとより，液晶産業における国際競争の激化は，日本企業が開発した技術を利用した製造装置が韓国・台湾の競合企業によって利用されていることに由来しており（中田, 2007），液晶産業においても，日本企業のすべてがセットメーカーによる垂直的提携の維持されているわけではない。製造装置を開発する日本企業が特許を取得し，それを外国企業にライセンス供与し，また，製品としての製造装置を韓国・台湾をはじめとする海外企業に販売することは当然の経営活動であり，開発された周辺技術は必然的に海外に普及する。市場がグローバル化した今日，日本企業が国内における提携関係を外国企業との提携よりも優先する合理的な理由は存在しない。以上の理由から，従来，日本企業が活用してきた国内企業間における安定的な提携関係の構築が，産業競争力に果たす役割は相対的に低下することを余儀なくされよう。

日本の有機 EL 分野を対象とした企業提携の変容に関する本研究の主張は，日本の他産業における企業提携活動に対して，一定の経営含意を提供する。すなわち，部品と素材など一連の中間財における標準化と共有化が進み，安価で利便性の高い製品を開発・製造する企業がアジアの新興国を中心にグローバル化している今日，セットメーカーを中心に日本企業が構築する安定的な提携関係が製品の市場機会の実現と産業競争力に果たす役割は限定される。このような一般的傾向に対して，有機 EL 分野を事例とする本研究が明らかにしたように，市場創造の初期段階で，大学との連携を含む，さまざまな形態の企業提携の設計および調整によって，各企業の有機 EL 事業の統廃合が進み業界の再編が進んでいることは，産業構造の変化を視野に入れた市場創造を模索するプロセスとして積極的に評価できる。

　当然ながら，企業提携の設計と調整は，市場創造に向けた企業の経営戦略の重要な要素である。現在，製造業で展開されている競争環境の激変において，企業提携には市場創造の可能性を模索するプロセスという色彩が強くなり，適切な提携相手を選択し，具体的な企業提携の形態を設計し，さらにそれを適切に調整する一連のプロセスを辿ることによって，必要な経営資源を調達し，組織学習を経て，市場創造が可能となる。この観点からは，有機 EL 分野の観察から得られた本研究の一連の知見は，日本の先端技術，とりわけ素材産業の市場創造と産業競争力に関して，多くの示唆を与えることが期待される。

第 3 節　産業形成に関する経営含意

　第 5 章では，産業形成の初期段階にある有機 EL 分野における産業形成の特徴を A-U モデルおよび Teece（1997, 2007, 2009）の主張する経営者の革新能力によって解釈した。現時点では，ディスプレイ，照明など数々のプロダクトイノベーションが生まれているが，支配的なドミナント・デザインと呼ばれる標準製品が市場に定着した段階には至っていない。製造方法の改

善，すなわちプロセスイノベーションの発生例がプロダクトイノベーションを上回る移行段階に入るには，安く大量生産するための塗布技術をはじめとする種々の製造技術の開発が必要である。しかし，プロダクトイノベーションが発生することが期待される産業形成の初期段階において，企業は，競合する液晶技術との競争のために製造コスト削減が必要になり，プロダクトイノベーションとプロセスイノベーションが同時に発生する必要がある。

　企業の組織形成の観点から言えば，A-U モデルは，流動段階では組織における非公式かつ企業家的活動，移行段階においては企業間の提携関係を利用したプロジェクトあるいはタスクグループ活動，そして，特化段階においては大規模な企業組織形態が選択されると主張している。しかし，有機 EL 分野においては，先端技術の実用化，市場形成の初期段階において，多くの企業が異業種間での提携関係を構築しており，企業提携の設計・調整は，直接的に市場創造に大きな影響を与えている。

　また，市場創造のための企業提携の戦略展開が求められることに加え，外部環境の変化が日本企業に大きな影響を与えることも留意が必要である。サムスングループ，LG グループ，また AUO 社など資本力のある韓国企業の展開する経営戦略は，日本企業の一連の戦略決定に大きな影響を与えている。これらの企業は，従来，発展途上国が展開してきた，キャッチアップ型の産業形成パターン，つまり先進国が展開する先端的商品を模倣，価格低下，もしくは改善し，市場を拡大するという戦略にとどまらない。それに代わり，有機 EL 分野における先端技術の開発を率先して実施し，自国のみならず欧米，また，中国などの世界市場に向けて市場創造に取り組み，いかに効率的に大量生産を実現するかという観点から，一連の経営戦略を実施している。サムスングループ等の戦略を見れば，これらの企業がイノベーションの流動的段階における市場動向を詳細に観察しながら新製品を上市し，加えて，特化段階に向けての競争を意識し，一連の製造プロセスに関して大型投資を実行していることがわかる。液晶産業で競争力の源泉となった，高性能で安価な製品を市場に提供する能力は，いまや日本企業が独占する産業競争

力とはいえず，さらに，一連の企業提携による製品開発力や製造能力の獲得によって，もはや模倣困難なものではない。むしろサムスングループ等の企業が巨大な資本力を発揮して，有機EL分野において，プロダクトとプロセスの双方のイノベーションに関して，日本企業よりも潜在的に競争力をもつに至った競争環境においては，豊富な資本力の発揮による経営革新の推進能力は，一連の日本企業に対して模倣困難な経営資源として働く可能性がある。

　逆説的ではあるが，有機EL分野における資本力のある韓国企業の台頭は，あらゆる次元から日本企業に必要になる産業競争力の源泉と，それに伴って出現する産業形成プロセスを一変させてきた。日本企業が有機EL分野における産業形成の初期段階において展開した国内外企業との多様な企業提携には，有機EL分野での先行利益の獲得を目指す韓国企業に対する戦略的対応策としての側面が認められる。そこでは，セットメーカーの企業体力の低下により，日本の素材企業が最終製品を開発する外国企業と進んで戦略的提携と買収・合併を含む資本提携を提携する事例が発生し，同様に，製造装置企業も，開発段階から外国企業と提携するなど，従来，期待された日本企業間に構築された一連の関係性の活用による産業発展の可能性は限定的なものになる。

　第5章で検討した経営者の革新能力は，サムスングループが資本力を発揮して有機EL分野に参入し，スマートフォン市場のシェアを拡大した時期に，ソニーはテレビ事業などの家電産業における経営不振，経営者の交代などの時期にあたり，日本企業の経営体制についての是非が問われる局面もあった。ただし，サムスングループの躍進から同社の戦略モデルを抽出することは，同社の経営の一側面を取り上げることに過ぎないことを指摘しておこう。ソニーとサムスングループの企業戦略および組織戦略の軌跡を比較し，先に実用化に達したサムスングループの方法論を過剰に評価することは，論点の一般性を欠く。現に2013年度においてはソニーもサムスングループディスプレイ分野での事業運営によって充分な利益を得ていないことを指摘したい。大型ディスプレイの市場が開花していない今日においては，多額な

投資活動が，今後の経営活動の足かせとなる可能性もある。経営者に企業規模を拡大することを望む傾向があるのは，自身の雇用の安定性に関するリスク回避の行為との指摘があるとおり，経営者の判断を過大解釈することに危険性があることも留意するべきである。

　また，日本の家電産業には，大きな変化が起こっている。ソニーはパソコン事業からの撤退を表明し，テレビ事業の採算性の抜本改革を表明しているように，ディスプレイ／タッチパネル市場の競争激化は，企業戦略を大幅に変更せざるを得ない状況となった。有機EL大型ディスプレイの開発，フレキシブルディスプレイの開発が進む一方，液晶および有機ELの競争激化という環境とは違う次元で，デバイスの多様化にどう対応するかという経営課題が存在する。

　ただし，液晶産業と比べて有機ELでは，日本国内で基礎技術を開発したという進化があったことは，積極的に評価される。現時点における技術的課題を，日本企業の技術開発力で克服すれば，新しい競争力を構築することになろう。今後，日本企業のとるべき経営戦略は，従来からの戦略の延長線上にはなく，本研究が明らかにした企業提携の在り方の変容に象徴されているように，市場環境の変化に対応する経営者の革新能力が必要不可欠となる。

　これまで先端科学技術をもとにしたイノベーションは，単純化して言えば，製品・サービスに搭載されて社会への普及が進み，市場が拡大して，産業として形成されるという流れであった。しかし，有機EL分野に関していえば，製品の質的向上，製造方法の改善，価格低下といった一般的な産業形成の流れでは解釈が不可能なほど，経営環境が複雑化していることが課題となっている。

第4節　本研究に残された課題

　本研究では，先端科学技術の実用化，市場創造，産業形成における企業の提携活動の構成要素と構造・機能について考察した。事例分析として取り上

げた有機EL分野については，実用化の初期段階で，大学の研究開発成果が企業によって活用され，それぞれの戦略に応じた市場創造を目的として企業提携を設計し，さらに経営環境の変化に応じて調整されてきたことを明らかにした。ここで採用した企業提携についての包括的な分析フレームワークをもとにした分析は，ほかの先端技術，とりわけ素材分野において応用可能であると考える。

　しかし，本研究の分析には，一定の留意点がある。1つには，グローバル化が進み，競争環境が激化している有機EL分野を事例分析の対象として選択したことによる問題がある。先ず，同分野の産業情報について入手可能な情報が断片的な傾向があり，分析データとして一般性を欠く危険性がある。米国における企業提携の研究と異なり，日本には体系的な企業提携データを入手することは容易でないため，本研究では，新聞記事情報を基本データとすることを選択した。分析対象になった企業の多くは上場企業であり，企業提携など経営に重要な影響のある情報は開示しているため，新聞掲載情報には分析データとしての一定の信頼性があると判断した。しかし，新聞情報の信ぴょう性には限界があり，掲載されていない情報については，分析が及んでいない可能性がある。

　また，企業提携の影響を分析する際に，企業における組織学習などに関し，企業内部インタビュー，また質問票調査による分析ができなかった。実効性のある企業提携を実施するためには，当事者となる企業の経営方針の共有と内部化といった企業における組織学習が必要である。しかし，本研究の対象期間が産業形成の初期的段階にあるため，企業は内部情報を対外的に公表することに慎重であり，企業の内部活動に対する情報入手が限定的であるために採用した分析も限定的なものになった。

　企業提携の誘因は，市場創造のための経営資源の補完と考えられてきたが，素材企業と製造装置企業との提携に象徴されるように，相手企業の経営資源を自社に取り込むのみならず，相手企業の経営資源を参照して，自社の知識創造活動を活発化する効果も期待される。市場創造に必要な知識が企業

提携によって創造される得るものであり，かつ，提携関係を適切に設計・調整することによって効果的な知識創造が実現するのであれば，企業提携による知識創造が，どのような知識創造メカニズムによるものなのか，明らかにする必要がある。

　本研究に続く将来研究としては，有機 EL に関する企業のグローバル展開についての考察を深めるために，外国企業の動向を把握するためのデータを構築し，外国企業の提携関係を観察する必要がある。サムスングループは，その資本力を基にさまざまな形態でグローバル提携を構築していることを指摘してきたが，世界で顕著な技術関係を伴う企業と幅広い提携活動を実施している。一方，出光興産のように，LG グループとの提携やパナソニックとの合併会社の設立，オープンイノベーション形式での提携関係の構築など，多様な提携関係を模索する動きがある。これまで日本企業は，国内企業間の固定的な関係性において組織能力を構築したという一般的な見解が，今後の経営環境において有効であるかについて発展的に議論するために，グローバルな提携関係を構築する外国企業との比較検証が必要である。

　また，日本企業が，市場環境の変化の中においても先端技術開発に取り組むための，企業経営者の意志決定についても充分な議論を必要とする。本研究は，韓国・台湾企業のような豊潤な資本力を絶対的な競争優位と位置づけているものではない。日本企業の先端技術の開発力による競争力の巻き帰しも期待される。

　これらの研究課題に取り組むためには，情報入手の限界をどのように解決するのか，また，入手したデータをどのように観察するのかなど，分析手法のさらなる高度化にも，熟慮が必要となる。今後は，筆者の力量の限界を認めつつも，可能な限り，研究成果の向上に努めたい。

参考文献

Abernathy, W. J. and Utterback, J. M. (1978) "Pattern of Industrial Innovation," *Technology Review*, June/July, 80: pp. 41-47.
Adachi, C., Tsutsui, T., and Saito, S. (1989) "Organic electroluminescne device having a hole conductor as an emitting layer," *Applied Physics Letters*, 55: pp. 1489-1491.
Adachi, C., Tsutsui, T., and Saito, S. (1990a) "Blue light emitting organic electroluminescent devices," *Applied Physics Letters*, 56: pp. 799-801.
Adachi, C., Tsutsui, T., and Saito, S. (1990b) "Confinement of charge carriers and molecular excitons within 5nm thick emitter layer in organic electroluminescent devices with a double heterostructure," *Applied Physics Letters*, 57: pp. 531-533.
Adachi, C., Tokito, S., Tsutsui,T., and Saito, S. (1988) "Electroluminescence in Organic Films with Three-Layer Structure," *Japanese Journal of Applled Physics*, 27: pp. L269-L271.
Adachi, C., Tokito, S., Tsutsui,T., and Saito, S. (1988) "Organic electroluminescent devices with a Three-Layer structure," *Japanese Journal of Applled Physics*, 27: pp. L713-L715.
Baba, Y. (1989) "The dynamics of continuous innovation in scale-intensive industries", *Strategic Management Journal*, 10: pp. 89-100.
Baldo, M. A., Lamansky, S., Shoustikow, P. E., Sibley, S., Thompson, M. E. and Forrest, S. R. (1999) "Very high-efficiency green organic light-emitting devices based on electrophosphorescence," *Applied Physics Letters*, 75: pp. 4-6.
Baldo, M. A., O'Brien, D. F., You, Y., Shoustikov, A., Sibley, S., Thompson, M. E., and Forrest, S.R. (1998) "Highly efficient phosphorescent emission from organic electroluminescent devices," *Nature*, 395: pp. 151-154.
Barney, J. B. (1991) "Firm Resources and Sustained Competitive Advantage," *Journal of Management*, 17: pp. 99-120.
Barney, J. B. (2002) *Gaining and Sustaining Competitive Advantage*, second edition, Pearson Education, Inc.（バーニー J. B. (2003) 岡田正大 (訳),『企業戦略論』上 (基本編)・中 (事業戦略編)・下 (全社戦略編), ダイヤモンド社)。
Belderbos, R., Carree, M., Diederen, B., Lokshin, B., and Veugelers, R. (2004)

"Heterogeneity in R&D cooperation strategies," *International Journal of Industrial Organization*, 22: pp. 1237-1263.

Burroughes, J. H., Bradley, D. D. C., Brown, A. R., Marks, R. N., Mackay, K., Friend, R. H., Burn, P. L., and Holmes, A. B. (1990) "Light-emitting diodes based on conjugated polymers," *Nature*, 347 (6293): pp. 539 -541.

Capron, L. and Anand, J. (2007) "Acquisition-based dynamic capabilities," in: Helfat, C., Finkelstein, S., Mitchell, W., Peteraf, M., Singh, H., Teece, D., and Winter, S. (edition) *Dynamic Capabilities: Understanding Strategic Change in Organizations*, Blackwell Publishers Limited: pp. 80-99.

Cassiman, B. and Veugelers, R. (2002) "Cooperation and Spillovers: Some Empirical Evidence from Belgium," *The American Economic Review*, 92(4): pp. 1169-1184.

Chesbrough, H. W. (2003) "The Era of Open Innovation," *MIT Sloan Management Review*, 44 (3): pp. 35-41.

Chesbrough, H. W. and Teece D. J. (1996) "When is virtual virtuous? Organizing for innovation," *Harvard Business Review*, 74(1): pp. 65-73.

Collis, D. J. and Montgomery, C. A. (1998) *Corporate Strategy: A Resource-Based Approach*, McGraw-Hill（コリス, D. J.・モンゴメリー, S. A. (2004) 根来龍之・蛭田啓・久保亮一 (訳)『資源ベースの経営戦略論』東洋経済新報社）。

Darby, M. R., and Zucker, L. G. (2005) Grilichesian Breakthroughs: Inventions of Methods of Das, T. K., & Teng, B. -S. (2000) "A Resourced-Based Theory of Strategic Alliances," *Journal of Management* Vol.26, No.1: pp. 31-61.

Das, S. and Teng, B. S. (2000) "A Resourced-Based Theory of Strategic Alliances," *Journal of Management*, 26 (1): pp. 31-61.

Doz, Y. L. (1996) "The Evolution of Cooperation in Strategic Alliances: Initial Conditions or Learning Processes?" *Strategic Management Journal*, 17: pp. 55-83.

Doz, Y. L. and Hamel, G. (1998) *Alliances Advantage-The Art of Creating Value through Partnering*, Harvard Business School Press.

Dyer, J. H. and Kale, P. (2007) "Relational Capabilities: Drivers and Implications," in: Helfat, C., Finkelstein, S., Mitchell, W., Peteraf, M., Singh, H., Teece, D., and Winter, S. (edition) *Dynamic Capabilities: Understanding Strategic Change in Organizations*, Blackwell Publishers Limited: pp. 64-98.

Dyer, J. H., Kale, P., and Singh, H. (2001) "How To Make Strategic Alliances

Work," *MIT Sloan Management Review*, 42(4): pp. 37-42.

Eisenhardt, K. M. and Schoonhaven, C. B. (1996) "Resource-based View of Strategic Alliance Formation; Strategic and Social Effects in Entreprenual Firms," *Organization Science*, 7 (2): pp. 136-150.

Eisenhardt, K. M. and Martin, J. A. (2000) "Dynamic Capabilities: What Are They?" *Strategic Management Journal*, 21: pp. 1105–1121.

Eisenhardt, K. M. and Schoonhaven, C. B. (1996) "Resource-based View of Strategic Alliance Formation; Strategic and Social Effects in Entreprenual Firms," *Organization Science*, 7 (2): pp. 136-150.

Farberg, J., Mowery, D. and Nelson, R. R. (2005) *The Oxford Handbook of Innovation*, Oxford University Press.

Freeman, C. (1982) *The Economics of Industrial Innovation*, Frances Printer Publishers Ltd.

Freeman, C. (1987) *Technology, policy, and economic performance: lessons from Japan*, Pinter Publishers.

Garette, B. and Dussage, P. (2000) "Alliances versus Aquiaitons: Choosing the Right Option," *European Management Journal*, 18 (1): pp. 63-69.

Gawer, A. and Cusumano, M. A., (2002) *Platform Leadership*, Harvard Business Scholl Press.（ガワー, A.・クスマノ, M. A.（2005）小林敏男 (監訳)『プラットフォーム・リーダーシップ：イノベーションを導く新しい経営戦略』有斐閣)。

Grant, R. M. (1996) "Prospering in Dynamically-Competitive Environment: Organizational Capability as Knowledge Integration," *Organization Science*, 7 (4): pp. 375-387.

Gulati, R. (1995) "Does Familiarity Breed Trust? The Implications of Repeated Ties for Contractual Choice in Alliances," *Academy of Management Journal*, 38 (1): pp. 85-112.

Gulati, R. and Singh, H. (1998) "The architecture of cooperation: Managing coordination costs and appropriation concerns in strategic alliances," *Administrative Science Quarterly*, 43 (4): pp. 781-814.

Hagedoorn, J. (2002) "Inter-firm R & D partnerships: an overview of major trends and patterns since 1960," *Research Policy*, 31: pp. 477-492.

Hagedoorn, J. and Duyster, G. (2000) "The Effect of Mergers and Acquisitions on thetechnological Performance of Companies in a High-tech Environment," *Eindhoven Center for Innovation Studies*, Working Paper 00.04, The Netherlands.

Hagedoorn, J. and Duyster, G. (2002) "External Sources of Innovative Capabilities: The Preference for Starategic Alliances or Mergers and Acquisitions," *Journal of Management Studies*, 39 (2): pp. 167-188.

Hagedoorn, J. and Kranenburg, H. V. (2003) "Growth patterns in R&D partnerships: an exploratory statistical study," *International Journal of Industrial Organization*, 21: pp. 517-531.

Hagedoorn, J. and Schakenraad, J. (1994) "The Effect of Strategic Technology Alliances on Company Performance," *Strategic Management Journal*, 15: pp. 291-309.

Helfat, C. E., Finkelstein, S., Mitchell, W., Peteraf, M., Singh, H. Teece, D., and Winter S. G. (2007) *Dynamic Capabilities: Understanding Strategic Change in Organizations*, Blackwell Publishers Limited (ヘルファット, C.E. (2010) 谷口和弘・蜂巣旭・川西章弘 (訳)『ダイナミック・ケイパビリティ』勁草書房)。

Helfat C. E. and Winter S. G. (2011) "Understanding Dynamic and Operational Capabilities: Strategy for the Never Changing World," *Strategic Management Journal*, 32 (11): pp. 1243-1250.

Hosokawa, C., Eida, M., Matsuura, M., Fukuoka, K., Nakamura, H., and Kusumoto, T. (1997) "Organic multi-color electroluminescence display with fine pixels," *Synthetic Metals*, 91: pp. 3-7.

Hosokawa, C., Higashi, H., Nakamura, H., and Kusumoto, T. (1995) "Highly efficient blue electroluminescence from a distyrylarylene emitting layer with a new dopant," *Applied Physics Letters*, 67: pp. 3853-3855.

Inkpen, A. C. (2000) "A Note on the Dynamics of Learning Alliances: Competition, Cooperation, and Relative Scope, Research Notes and Communications," *Strategic Management Journal*, 21: pp. 775-779.

Jaffe, A. B. (1986) "Technological Opportunity and Spillovers of R&D: Evidence from Firms' Patents, Profits, and Market Value," *The American Economic Review*, 76 (5): pp. 984-1001.

Kale, P. and Singh, H. (2007) "Building Firm Capabilities through learning: The Role of the Alliance Capability and Firm-Level Alliance Success," *Strategic Management Journal*, 28: pp. 981-1000.

Khanna, T. (1998) "The Scope of Alliances," *Organization Science*, 9 (3): pp. 340-355.

Kneller, R. (2006) "Japan' s new technology transfer system and the preemption of university discoveries by sponsored research and co-inventorship," *Journal of the Association of University Technology Managers* 18 (1): pp. 15-35.

Kido, J., Kimura, M., and Nagai, K. (1995) "Multilayer white light-emitting organic electroluminescent device," *Science*, 267: pp. 1332-1334.

Kogut, B. (1988) "Joint ventures; thetheoretical and empirical perspectives," *Strategic Management Journal*, 9 (4): pp. 319-332.

Kogut, B. (1989) "The stability of joint ventures: Reciprocity and competitive rivalry," *Journal of Industrial Economics*, 38 (2): pp. 183-198.

Kogut, B. (1991) "Joint Ventures and the Option to Expand and Acquire," *Management Science*, 37 (1): pp. 19-33.

Kogut, B. and Zander, U. (1992) "Knowledge of the Firm, Combination Capabilities, and the Replication of Technology," *Organization Science*, 3 (3): pp. 387-397.

Lerner, J. and Merges, R. P. (1998) "The Control of Technology Alliances: An Empirical Analysis of the Biotechnology Industry," *The Journal of Industrial Economics*, 46 (2): pp. 125-156.

Levinthal, D. A. and March, J. G. (1993) "The Myopia of Learning," *Strategic Management Journal*, 14: pp. 95-112.

Linnarson, H. (2005) "Patterns of Alignment in Alliance Structure and Innovation," *Technology Analysis and Strategic Management*, 17 (2): pp. 161-181.

Maine, E. and Garnsey, E. (2006) "Commercializing generic technology: The case of advanced materials ventures," Research Policy, 35: pp. 375-393.

Mowery. D. C. and Ziedonis, A. A. (2002) "Academic patent quality and quantity before and after the Bayh-Dole act in the United States," Research Policy, 31 (3): pp. 399-418.

Mowery, D. C., and Sampat, B. N. (2005) "Universities in: National Innovation Systems," in *The Oxford Handbook of Innovation*, Oxford University Press: pp. 209-239.

Mowery, D. C., Oxley, J. E. and Silverman, B. S. (1998) "Technology overlap and interfirm cooperation: implication for the resource-based view of the firm," *Research Policy*, 27: pp. 507-523.

NEDO技術開発機構 電子・材料・ナノテクノロジー部 (2010) 次世代大型有機ELディスプレイ基盤技術の開発（グリーンITプロジェクト）（中間評価）2010年9月10日。

ORGANISATION FOR ECONOMIC CO-OPERATION AND DEVELOPMENT (1998) *21st CENTURY TECHNOLOGIES: PROMISES AND PERILS OF A DYNAMIC FUTURE*, OECD PUBLICATIONS.

Oxley, J. E. (1997) "Appropriability hazards and governance in strategic alliances: A transaction cost approach," *Journal of Law, Economics, and Organization*, 13 (2): pp. 387-409.

Penrose, E. G. (1959) "Thetheory of the Growth of the Firm," second edition, Wiley, New York (ペンローズ, E. (2010) 日高千景 (訳)『企業成長の理論』(第三版) ダイヤモンド社)。

Polanyi, M. (1966) "The tacit Dimension", The University of Chicago Press (ポランニー, M. (2003) 高橋勇夫 (訳)『暗黙知の次元』ちくま学芸文庫)。

Rumelt, R. P. (1984) "Towards a strategic theory of the firm," in: Lamb, R. (edition), *Competitive strategic management*, Englewood Cliffs, N.J., Prentice Hall: pp. 556-570.

Sampson, R. C. (2007) "R&D Alliances and Firma Performancethe Impact of Technological Diversity and Alliance Organization on Innovation," *Academy of Management Journal*, 50 (2): pp. 364-386.

Tang, C. W. and Van Slyke, S. A. (1987) "Organic electroluminescent diodes," *Applied Physics Letters*, 14: pp. 913-915.

Teece, D. J. (1986) "Profiting from technological innovation: Implications for integration, collaboration, licensing and public policy," *Research Policy*, 15: pp. 285-305.

Teece, D. J. (2000) "Strategies for Managing Knowledge Assets: The Role of Firm Structure and Industrial Context," *Long Range Planning*, 33 (1): pp. 35-54.

Teece, D. J. (2007) "Explicating Dynamic Capabilities: The Nature and Microfoundations of (sustainable) Enterprise Performance," *Strategic Management Journal*, 28: pp. 1319-1350.

Teece, D. J. (2009) *Dynamic Capabilities and Strategic Management: Organizing of Innovation and Growth*, Oxford University Press.

Teece, D. J., Pisano, G. and Shuen, A. (1997) "Dynamic Capabilities and Strategic Management," *Strategic Management Journal*, 18 (7): pp. 509-533.

Tidd, J., Bessant, J. and Pavitt, K. (1997) "Managing Innovation- Integrating Technological, Market and Organizational Change," John Wiley and Sons (ティッド, J.・ベッサント, B.・パビット, K. (2004) 後藤晃・鈴木潤 (訳)『イノベーションの経営学』, NTT出版)。

Trencher, G., Yarime, M. McCormick, K. B., Doll, C. N. H., and Kraines, S. B. (2013) "Beyond the third mission: Exploring the emerging university

function of co-creation for sustainability," *Science and Public Policy Advance Access*: pp. 1-29.
Uoyama, H. Goushi, K. Shizu, K. Nomura, H., and Adachi, C. (2012) "Highly efficient organic light-emitting diodes from delayed fluorescence," *Nature*, 492: pp. 234-238.
Utterback, J. M. (1994) *Mastering the Dynamic of Innovation*, President and Fellows of Harvard College（アッターバック. J. M (1998) 大津正和・小川進 (監訳)『イノベーション・ダイナミクス―事例から学ぶ技術戦略―』有斐閣）。
Utterback, J. M. and Abernathy, W. J. (1975) "A Dynamic Model of Process and Product Innovation," *Omega*, 3 (6): pp. 639-656.
Von Hippel, E. (1994) "'Sticky Information' and the Locus of Problem Solving: Implications for Innovation," *Management Science*, 40 (4): pp. 429-439.
Wernerfelt, B. (1984) "A Resource-based View of the Firm," *Strategic Management Journal*, 5: pp. 171-180.
Winter, S. G. (2003) "Understanding Dynamic Capabilities," *Strrategic Management Jounal*, 24: pp. 991-995.
Yoshino, M. Y. and Rangan, U. S. (1995) *Strategic alliances: and entrepreneurial approach to globalization*, Harvard Business School Press.
Zollo, M. and Winter, S.G. (2002) "Deliberate learning and the evolution of dynamic capabilities," *Organization Science*, 13 (3): pp. 339-351.
アイサプライ・ジャパン (2011)「有機 EL ディスプレイ近況」高分子学会有機 EL 研究会異業種交流会 2011 年 2 月。
安達千波矢・安達淳二 (2012)「大きな発展期をむかえた有機光エレクトロニクス―中核デバイスとしての有機 EL 素子―」『月刊ディスプレイ』, 2012 年 1 月号: pp. 3-6。
井上光太郎・加藤英明 (2006)『合併・買収と株価』東洋経済新報社。
岩井善弘・越石健司 (2004)『液晶・有機 EL・PDP 徹底比較』工業調査会。
岩崎利彦 (2012)「燐光発光方式を用いた有機 EL 照明の開発」『月刊オプトロニクス』2012 年 1 月号, 31 (361): pp. 111-115。
上山隆太 (2013)「産学連携とアクターとしてのアカデミアの意識―アメリカの経験から学ぶ―」『一橋ビジネスレビュー』61 (3), 東洋経済新報社。
小川紘一 (2006)『ものづくり経営学』第 6 章, 光文社新書, pp: 217-441。
科学技術振興機構 研究開発戦略センター (2010)「問題解決を目指すイノベーション・エコシステムの枠組み」。
加藤謙介・宮崎久美子 (2013)「技術の事業化へ向けた連携の形成とパートナー

の能力活用に関する事例分析」『日本 MOT 学会誌』No.1。
苅込俊二 (2011)「韓国企業の躍進要因を探る―ウォン安を追い風に　経営戦略と新興市場開拓が奏功―」『みずほリサーチ』February 2011。
城戸淳二 (2003)『有機 EL のすべて』日本実業社。
城戸淳二 (2014)「塗布型有機 EL デバイスの開発」『地域卓越研究者戦略的結集プログラム報告会 予稿集』2014 年 2 月。
城戸淳二・遠藤潤・仲田壮志・森浩一・横井啓 (2002)「電荷発生層を有する高量子効率有機ＥＬ素子」，第 49 回応用物理学関係連合 講演会，27p-YL-3: p. 1308, 2002 年 3 月。
洪美江 (2009)「米国バイ・ドール法 28 年の功罪～新たな産学連携モデルの構築も」『産学連携ジャーナル』，5 (1): pp.4-10。
コース，H. ロナルド (1992) 宮沢健一・後藤晃・藤垣芳文 (訳)『企業・市場・法』東洋経済新報社。
菰田卓哉 (2012)「最近の白色有機 EL デバイスの開発動向」『月刊オプトロニクス』2012 年 1 月号，31 (361): pp. 106-110。
菰田卓哉・リアライズ理工センター・下出澄夫 (監修) (2009)『次世代照明のキーテクノロジ ―LED・有機 EL・FED―』リアライズ理工センター。
坂本雅明 (2005)「東北パイオニア 有機 EL の開発と事業化」一橋大学 21 世紀 COE プログラム「知識・企業・イノベーションのダイナミクス」大河内賞ケース研究プロジェクト。
シュムペーター，J. A. (1934)，塩野谷祐一・東畑精一・中山伊知郎 (訳)『経済発展の理論―企業者利潤・資本・信用・利子および景気の回転に関する一研究』（上）岩波文庫。
シュムペーター，J. A. (1995), 中山伊知郎・東畑精一 (訳)『資本主義・社会主義・民主主義』,東洋経済新報社，新装版。
新宅純二郎（2006）「日本製造業における構造改革」『MMRC Discussion Paper』MMRC-J-83。
筒井哲夫・安達千波矢・八尋正幸・松浪成行 (2012)『有機エレクトロニクス入門』日刊工業新聞社。
電子情報技術産業協会 (2007)『AV 主要品目世界需要予測～2011 年までの需要展望～〈概要〉』2007 年 2 月。
特許庁 （2006）『平成 17 年度特許出願技術動向調査報告書 有機 EL 素子』。
鳥山和久 (2011)「日本における液晶技術の開発」ダンマー，D.・スラッキン，T. (著) 鳥山和久 (訳)『液晶の歴史』朝日新聞出版: pp. 479-518。
長岡貞男・平尾由紀子 (1998)『産業組織の経済学　基礎と応用』日本評論社。
中田行彦 (2007)「日本はなぜ液晶ディスプレイで韓国，台湾に追い抜かれたのか？―摺合せ型産業における日本の競争力低下原因の分析―」『イ

ノベーション・マネジメント』5: pp. 141-157。
沼上幹 (1999)『液晶ディスプレイの技術革新史―行為連鎖システムとしての技術―』白桃書房。
馬場靖憲・後藤晃編 (2007a)『産学官提携の実証研究』東京大学出版会。
馬場靖憲・ジョン・P・ワルシュ・矢﨑敬人・鈴木潤・後藤晃 (2007b)「制度変革期における産学連携と研究活動」『産学連携の実証研究』1 章：東京大学出版会：pp. 19-39。
馬場靖憲・七又直弘・鎗目雅 (2013)「パスツール型科学者によるイノベーションの挑戦　光触媒の事例」『一橋ビジネスレビュー』61(3): pp. 6-20.
富士キメラ総研 (2004)『有望電子部品材料調査総覧)』(2004 上・下巻) 富士キメラ総研。
富士キメラ総研 (2010a)『LED 関連市場総調査』(2010 上・下巻) 富士キメラ総研。
富士キメラ総研 (2010b)『液晶関連市場の現状と将来展望』(2010 Vol. 1-3) 富士キメラ総研。
藤本隆宏 (2004)『日本のもの造り哲学』日本経済新聞社。
藤本隆宏・延岡健太 (2003)「日本の得意産業とは何か：アーキテクチャと組織能力の相性」RIETI Discussion Paper Series, 04-J-040。
藤本隆宏・桑嶋健一編 (2009)『日本型プロセス産業―ものづくり経営学による競争力分析―』有斐閣。
町田勝彦 (2008)『オンリーワンは創意である』文春新書。
松波成行・服部励治 (2011)「有機 EL パネル技術ロードマップ（2012 年版）」『ディスプレイ技術年鑑』日経 BP 社: pp. 56-71。
三上明義 (監修) (2011)『白色有機 EL 照明技術』シーエムシー出版。
三菱総合研究所（2013)「平成 24 年度産業技術調査事業　産学連携機能の総合的評価に関する調査　報告書」。
文部科学省（2013)「平成 24 年度　大学等における産学連携等実施状況について」http://www.mext.go.jp/a_menu/shinkou/sangaku/1342314.htm（2013 年 12 月 13 日）。
文部科学省 科学技術・学術政策局 産業連携・地域支援課 大学技術移転推進室 (2013)「平成 24 年度 大学等における産学連携等実施状況について」, 平成 25 年 12 月 13 日。
安田洋史 (2006)『競争環境における企業提携―その理論と実践―』NTT 出版株式会社。
渡辺章博 (1998)『合併・買収のグローバル実務』中央経済社。
渡部俊也 (2011)「日本知財学会『産学連携と大学知財に関する政策提言』について」『産学官提携ジャーナル』, 7 (6): pp. 7-11。

渡部俊也 (2013)「社会のための研究推進と産学連携　国立大学法人10年の成果と課題」http://pari.u-tokyo.ac.jp/event/smp131012_rep.html（2013年10月12日）。

謝　辞

　先端技術の実用化の局面における課題を研究テーマに設定し，市場創造が期待された有機EL分野を事例研究のテーマに選んだのは2006年のことである。本研究で記載したとおり，2007年には業界再編により明るい見通しがあったが，2008年には停滞感が漂い，2009年にはサムスンが躍進し，市場環境は大きく変貌した。技術の実用化，市場化，産業化のプロセスを現在進行形で辿り，有機EL関係企業の研究者の方々の尽力を肌で感じたことは，分析フレームワークの構築と同時並行的に研究を進めたことの成果の一部である。既に立ちあがった産業を事例とする研究では着目されない，不確実性の高い段階における諸課題を把握する必要性を強く意識することとなった。研究が長期にわたったため，市場環境の変化の把握に手間取ったが，同期間における現場の方々の苦労は計りしえず，本研究成果は，有機EL産業の形成という大きな課題からすれば，部分的な考察にすぎないという自省の念がある。

　本研究は，東京大学先端科学技術研究センター教授馬場靖憲氏の指導の下に開始した研究の成果であり，同教授からは貴重なご助言をいただいた。同じく，東京大学の香川豊教授，瀬川浩司教授，東京大学政策ビジョン研究センターの渡部俊也教授，東京大学公共政策大学の鎗目雅特任准教授，さらに文部科学省科学技術政策研究所科学技術動向センター上席研究官七丈直弘先生，関西学院大学岡村浩一郎准教授より，文理融合・学際的な観点からアドバイスを頂戴した。心より御礼を申し上げたい。

　毎年早春に開かれる米沢市での有機EL異業種交流会では，主宰する城戸淳二教授に大変お世話になった。また，山形大学の産学官提携を推進している有機エレクトロニクス研究センターおよび有機ELイノベーション研究センターセンター長大場好弘教授，副センター長小田公彦氏，および山形大学工学部長補佐の高橋辰宏教授には，同大学の目指す産学連携の方向性につい

て示唆をいただいた。2012年3月には，九州大学の安達千波矢教授の研究チームに本研究の成果を発表する機会をいただいた。その際，日本の製造業の在り方に関する白熱した議論の場をいただいたことは，貴重な経験であった。同教授が主宰する有機EL討論会においても有意義な交流をさせていただいている。また，何名かの企業研究者の方々にも，本研究を進めるにあたり，匿名でご協力をいただいた。この場を借りて，感謝の念を表したい。最後になるが，本書の制作に関しては，白桃書房の平千枝子氏，東野允彦氏には大変お世話になった。重ねて，御礼を申し上げたい。

2014年3月　小関珠音

■著者紹介

小関珠音（おぜき・たまね）

山形大学工学部産学連携准教授，横浜市立大学特別契約准教授，早稲田大学非常勤講師，研究・計画技術学会 評議委員，㈱dimmi 代表取締役，㈱幹細胞イノベーション研究所取締役

1989 年	一橋大学経済学部卒業
1989 年	日本興業銀行。その後，外資系金融機関，コンサルティングファーム等にて，プロジェクト・ファイナンス，経営コンサルティング，M&A・事業提携アドバイザリー業務に従事
2003 年	一橋大学大学院国際企業戦略研究科金融戦略専攻修了，経営修士（金融戦略 MBA）
2005 年	一橋大学大学院国際企業戦略研究科経営法務専攻修了，経営法修士（知的財産専攻）
2006 年	㈱dimmi 設立（代表取締役），産業連携の企業提携，財務戦略を含む経営コンサルティングに従事，横浜国立大学（非常勤講師），法政大学（兼任講師）等
2013 年	東京大学大学院工学系研究科先端学際工学専攻修了（技術経営），博士（学術），Ph. D.

【主な業績】

『これからの知的財産徹底活用法』（単著，PHP 研究所，2004 年）．『サイエンス徹底図解 太陽電池のしくみ』（共著，新星出版社，2010 年）．"Trend in alliance formation and its effect on market creation – A case study of the firms engaged in organic light emitting diode technology," 10th ASIALICS Conference: The Roles of Public Research Institutes and Universities in Asia's Innovation systems, 2013（単著）．"The Inpact of Alliance Formation on Firm Value in an Emerging Industry: The Case of Organic Light Emitting Diode in Japan,"『技術と経済』Vol. 530, 2011（共著）．

■企業提携の変容と市場創造
　　　　　　　　（きぎょうていけい　へんよう　しじょうそうぞう）
　有機 EL 分野における有機的提携

■ 発行日──2014 年 3 月 31 日　　　　　〈検印省略〉

■ 著　者──小関珠音（おぜきたまね）

■ 発行者──大矢栄一郎

■ 発行所──株式会社 白桃書房（はくとうしょぼう）
　　〒101-0021　東京都千代田区外神田 5-1-15
　　☎ 03-3836-4781　FAX 03-3836-9370　振替 00100-4-20192
　　http://www.hakutou.co.jp/

■ 印刷・製本──三和印刷

ⓒ Tamane Ozeki　2014　Printed in Japan　ISBN978-4-561-26635-8　C3034

本書のコピー，スキャン，デジタル化等の無断複製は著作権法上での例外を除き禁じられています。本書を代行業者等の第三者に依頼してスキャンやデジタル化することは，たとえ個人や家庭内の利用であっても著作権法上認められておりません。

JCOPY <(株)出版者著作権管理機構 委託出版物>

本書の無断複写は著作権法上での例外を除き禁じられています。複写される場合は，そのつど事前に，(株)出版者著作権管理機構（電話 03-3513-6969，FAX03-3513-6979，e-mail: info@jcopy.or.jp）の許諾を得てください。

落丁本・乱丁本はおとりかえいたします。

好評書

元橋一之 編著

アライアンスマネジメント
―米国の実践論と日本企業への適用―

本体価格 2800 円

中村裕一郎 著

アライアンス・イノベーション
―大企業とベンチャー企業の提携：理論と実際―

本体価格 3500 円

渡部俊也 著

イノベーターの知財マネジメント
―「技術の生まれる瞬間」から「オープンイノベーションの収益化」まで―

本体価格 4000 円

――――― 白桃書房 ―――――

本広告の価格は本体価格です。別途消費税が加算されます。

好評書

原山優子・氏家豊・出川通 著

産業革新の源泉
―ベンチャー企業が駆動するイノベーション・エコシステム―

本体価格 3000 円

元橋一之 編著

日本のバイオイノベーション
―オープンイノベーションの進展と医薬品産業の課題―

本体価格 3800 円

土屋勉男・原頼利・竹村正明 著

現代日本のものづくり戦略
―産学連携とスタートアップス創出―

本体価格 2800 円

――――――――――― 白桃書房 ―――――――――――

本広告の価格は本体価格です。別途消費税が加算されます。

好評書

（東京大学知的資産経営総括寄付講座シリーズ）

渡部俊也 編
新宅純二郎・妹尾堅一郎・小川紘一・立本博文・高梨千賀子 著

ビジネスモデルイノベーション

本体価格 2500 円

渡部俊也 編
元橋一之・新宅純二郎・小川紘一・立本博文・富田純一 著

グローバルビジネス戦略

本体価格 2500 円

渡部俊也 編
渡部俊也・各務茂夫・ロバート ケネラー・妹尾堅一郎 著

イノベーションシステムとしての大学と人材

本体価格 2500 円

――――――― 白桃書房 ―――――――

本広告の価格は本体価格です。別途消費税が加算されます。